DRESS DESIGN

and

THREE-DIMENSIONAL MODELING

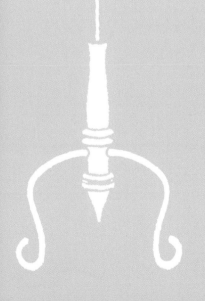

礼服的设计
与立体造型

（修订版）

主编　吴丽华

副主编　张静　周福芹

中国轻工业出版社

图书在版编目（CIP）数据

礼服的设计与立体造型 / 吴丽华主编 . —修订版 . —北京：
中国轻工业出版社，2024.9
　ISBN 978-7-5019-8095-6

　Ⅰ . ①礼… Ⅱ . ①吴… Ⅲ . ①服装设计 Ⅳ . ①TS941.2

　中国版本图书馆CIP数据核字（2014）第017008号

责任编辑：李　红　　　责任终审：劳国强　　封面设计：锋尚设计
版式设计：锋尚设计　　责任校对：晋　洁　　责任监印：张　可

出版发行：中国轻工业出版社（北京鲁谷东街5号，邮编：100040）
印　　刷：艺堂印刷（天津）有限公司
经　　销：各地新华书店
版　　次：2024年9月第2版第3次印刷
开　　本：889×1194　1/16　印张：8.5
字　　数：200千字
书　　号：ISBN 978-7-5019-8095-6　定价：45.00元
邮购电话：010-85119873
发行电话：010-85119832　010-85119912
网　　址：http://www.chlip.com.cn
Email：club@chlip.com.cn
版权所有　侵权必究
如发现图书残缺请与我社邮购联系调换
241636J2C203ZBQ

PREFACE

随着人们物质生活的日益丰富，以及社会文化的不断发展，礼服已成为都市人服饰中必不可少的一部分，高端定制礼服成为许多演艺圈明星及结婚新人的追求，礼服生活化、个性化、高端化成为其发展趋势。为方便礼服设计人员及服装专业在校学生的设计与学习，特修订《礼服的设计与立体造型》一书，使内容更加符合现代礼服发展趋势。

本书将礼服按类别分为婚礼服、晚礼服、创意礼服、演艺礼服四部分进行了系统地分析演示，将礼服的设计原理与立体造型技法用案例的形式融合为一体，使抽象的设计原理体现在具体案例中，易学易懂，可操作性强。

本书第一章至第五章大部分内容，由吴丽华编写修订。第四章第四节的案例操作内容由张静编写修订，第二章至第五章的设计原理名品案例赏析部分由周福芹编写修订。由于时间及有关制作条件的限制，本书尚有不足之处，望同行、专家们给予批评指正。

本书得到中国轻工业出版社的大力支持得以修订出版，同时借鉴了各大服装网站及礼服公司的图片案例，特此感谢。

编者

CONTENTS

目 录

CHAPTER
1

CHAPTER
2

P001   P005   P051

第一章 ======== 第二章 ============= 第三章 =========

CHAPTER 4

CHAPTER 3

CHAPTER 5

P081

P111

CHAPTER 1

第一章　礼服的历史
沿革

礼服原指参加婚礼、葬礼、祭礼等仪式时穿用的服装，现泛指在出席某些宴会、舞会、联谊会及社交活动等场合所穿的服装。从礼仪的形式上讲，可分为正式礼服和非正式礼服两种；从穿着时间上讲，又可分为昼礼服和夜礼服。根据不同的着装环境和不同的服用功能，礼服的造型特征各具风格，如甜美、圣洁的婚礼服，华丽、高雅的宴会服，新颖、别致的舞会服等。综上所述礼服可分为：婚庆礼服、晚礼服、葬礼服、生活礼服、演艺礼服等。礼服由于其独特的艺术性成为展现服装设计师才华的载体，因此现在突出设计师创意和个性的另类T台礼服也广泛存在。

一、礼服的起源与发展

礼服作为西方文明的产物，最初可追溯到古希腊，从古希腊公元前2000多年前的一些妇女的小雕像就可以看出克利特妇女的着装形象：钟形的衣裙，高腰位，后背直立起来并裹住双臂，前胸袒露，下摆宽大，着装高贵优雅，体现女性的胸腰曲线，这可能就是礼服的最初雏形，如图1-1所示。

公元前1700~前1550年的米诺三代王朝中贵族妇女所穿的前胸袒露，袖到肘部，胸、腰部位有线绳系在乳房以下，下身着钟形衣裙，整体紧身合体的服装可谓是礼服的早期雏形，如图1-2所示。礼服一直是各个时代的缩影，从最初的简单到后期的奢华，从衣不蔽体到雍荣华丽，它始终不失威严，体现着属于自己时代的文明。礼服的款式变化丰富，西洋古代社会的服装多以缠裹、系挂的形式出现，这种重点表现衣纹的半成型类衣物通常以衣纹的多少来诠释权力、美和财富。

中世纪的宗教文化成为服装的主要艺术特征，服装在每一个细节里都体现着基督教文化特征。高高的帽子、尖尖的鞋子、富有光泽和鲜明色调的服饰色彩都让人们觉得似乎只有这样才能表达他们对天国的向往和崇敬。到了16世纪以后，礼服得到迅猛的发展。文艺复兴时期，人们追求梦想，体现个性，反对禁欲主义，在服装上体现造型之美和曲线之美，这一

图1-1　克利特妇女的着装

图1-2　米诺三代王朝中期的服饰

图1-3　16世纪女子着装　　　　图1-4　17世纪女子的服装　　　　图1-5　帝政服装

时期裙撑的出现使人们看到了现代礼服的影子，如图1-3所示。随后盛行
的巴洛克风格把服装推向了豪华、浮夸，而以纤细、精巧、华丽、繁琐
著称的洛可可风格则把礼服推向了奢华的高潮，如图1-4所示。中世纪后
期盛行的新古典主义使得紧身胸衣得到了改良，如图1-5所示，浪漫主义
扩展了礼服的设计思路，如图1-6所示。到了19世纪后期，随着战火的
蔓延，服装变得实用而简洁，它逐渐成为一种世界性的文化产业。

二、近现代礼服的发展

　　礼服在19世纪末20世纪初的欧洲上流社会得以发展。18、19世纪
奢靡的法国上流社会的社交场合是晚礼服盛行的开始，晚礼服这种专为
晚间的社交活动而准备的奢华服饰是由当时巴黎社交圈向外蔓延开来的。
当时宫廷服的造型特点是腰部收缩、裙摆很蓬松，上面装饰有很多刺绣
及各种华丽的饰件。19世纪是礼服精彩纷呈的时代，新古典主义、浪漫
主义、复古主义融合在一起，呈现了多元化的礼服分类，面料开始有了
特定的绸子、网状薄纱等。这一时期涌现出了一批专为社会名流或交际
女性设计服装的设计师，如沃斯、雅克·杜塞，他们将礼服演绎到了新
的高度。1850年英国人查尔斯·沃斯（Charles Worth）在巴黎开了一家时装店，成为世
界上第一个女装设计师，礼服也真正进入设计阶段。

　　到了20世纪，礼服得到了进一步的解放和发展，夏奈尔、迪奥、伊夫·圣洛朗、劳伦、
范思哲、穆西亚·普拉达等一批著名服装设计师把礼服设计推向新的高度。"上紧下蓬"依
然是礼服的主要特征，但也出现了一些抛弃裙撑的礼服设计。"性感""人体健美"的风气
逐渐解脱了女性，"S"型成了标准服式。晚礼服采用紧身胸衣，手臂、脖子及胸部以上完

图1-6　浪漫主义礼服

全暴露，礼服中的"鱼尾裙"在第一次世界大战期间正式出现。这时候女性礼服趋向于合体、舒适化，款式以突出女性魅力的袒胸、露背紧身的X型为主，礼服中的颜色、面料也不断变化翻新，多采用薄纱、塔夫绸、府绸、丝绸等。到20世纪60年代，一种无袖、裙长及膝盖的晚礼服出现在摇摆舞会中。70年代后，世界服装进入无主流时代，高级成衣在这一时期已出现，使礼服的概念完全清晰化，与此同时也与成衣不断交融。礼服市场不断扩大，随场合、环境的不同礼服不断变化，S型、大蓬裙型应有尽有，裙长变短完全自由化，礼服成为个人自我表现的载体，趋向自由化、多样化。20世纪后期礼服设计改变了传统模式，吸取了流行时装的设计特色变得五彩纷呈，各种另类、现代的款式造型令人目不暇接，著名设计师约翰·加利亚诺、亚历山大·马克昆等将礼服设计演绎得淋漓尽致。

现代社会，随着人们生活节奏的加快和生活方式的多元化，礼服的设计向着简洁、舒适的方向发展。职业休闲化很大程度上也带来了礼服休闲化，因为现代人对服装的要求更偏向于舒适，因此，礼服与其他服装的界限越来越模糊。简洁明快的设计风格更符合现代人快节奏的生活方式，具有时代感。现代社会礼服部分保留袒胸、束腰、大裙摆、高臀的基本造型，继承其典雅、华贵的造型美，但大部分趋向多样化，或者高领或者低胸，或束腰或宽身，或大裙摆或贴身型。礼服已打破了传统的设计界限，款式既可以是裤装，又可以是一条超短裙，各种另类的款式层出不穷。面料可以采用皮草、牛仔、各类高科技面料等，又可采用传统的丝绸等面料。装饰既可以采用奢华的珠绣，又可以采用个性的镂空、烂花、拼贴、铆钉等工艺。

在西方文化的影响下，欧式礼服逐渐出现在中国都市女性生活中，设计师们也根据东方女子的特点，不断推出专为她们设计的礼服作品。现在礼服已成为都市人生活中的一部分，已赋予了礼服全新的内容和意义。现在中国礼服既拥有东方服饰特色，同时又吸收了西洋礼服的造型特征，形成了中国特色化礼服，并拥有了相应的产业，其中以潮州、苏州、上海、杭州、广州等地尤为集中。中国的礼服产业以潮州为代表在全国乃至世界有着重要的地位和作用，其总量、品牌、设计、加工、时尚、技术等方面都有着巨大的产业优势，2004年潮州被中国纺织工业协会誉为"中国婚纱晚礼服名城"。潮州的礼服产品主要以出口为主，80%远销美国、西班牙、俄罗斯、芬兰和东南亚以及中东等20多个国家和地区的市场，已成为国内外最大的礼服生产集聚地和出口基地。随着国内外礼服市场需求的变化，我国礼服企业纷纷打造名牌，产品向高质量、特色化发展，在原有的产业优势上开创技术与设计的创新。

无论是东方还是西方，礼服会随着时间的推移相互融合成为人类文明史共同的宝贵财富。随着社会经济的发展，流行的变化，礼服的种类越来越齐全，变化越来越丰富，并在服装产业中逐渐发展壮大。

小结　本节主要讲解了礼服的概念及起源发展等知识点。

训练
项目　搜集礼服的历史图片，按时期分类整理成册。

CHAPTER 2

第二章　婚礼服的设计
与立体造型

第一节　婚礼服的设计原理

婚礼服是新娘在婚礼上穿用的服装，源于欧洲。婚礼虽是世界各国自古以来就存在的仪式，但新娘在婚礼上穿婚纱的历史却不到200年。在西方，新娘所穿的下摆拖地的礼服原是天主教徒的典礼服。由于古代欧洲一些国家是政教合一的国体，人们结婚必须到教堂接受神父或牧师的祈祷与祝福，这样才能算正式的合法婚姻，所以，新娘穿上典礼服向神表示真诚与纯洁。但在19世纪前，少女们出嫁时所穿的新娘礼服，并没有统一颜色、规格。直至1840年，英国维多利亚女王在婚礼上以一身洁白雅致的白色婚纱示人，以及皇室与上流社会的新娘相继效仿后，白色开始逐渐成为婚纱礼服的首选颜色，象征着新娘的美丽与圣洁。现在，白色婚纱已经是婚礼文化中最重要的一部分，任何一个国家，除了保留自己本民族的婚礼服饰外，越来越多的新人选择白色的婚纱。此外，在西方，新娘会将结婚礼服细心保存起来传承给后代子孙，让圣洁的婚纱成为美丽的珍藏和爱的传承。

婚礼服多以白色有裙撑的造型为主突出新娘的圣洁，但现代的婚纱设计已经趋向多元化，许多婚纱借鉴时装的流行，既讲究婚纱高贵感又讲究婚纱的时尚性与艺术性。纯欧式、中式旗袍与西式婚纱的结合等形式应有尽有。

一、婚礼服的造型设计

1. 婚礼服的整体造型

婚礼服造型设计多以"X"型为主，其款式构成多以复叠式和透叠式为主。所谓复叠式就是外部的形压住内部的形，使礼服表面产生丰富的层次感，而透叠式是以透明或半透明面料层层叠压而透出一种新的形态，使礼服产生一种朦胧梦幻之感。婚礼服造型常采用夸张的设计手法，如利用裙撑夸张裙子的体积和下摆的围度，裙裾最长的可达十几米。婚礼服的整体造型可根据流行进行设计，根据款式的各种构成要点充分展示和强化，体现出高雅的艺术特点，充分展示新娘的美丽与高贵。现在婚礼服造型已向多元化发展，传统复古、简洁现代，各类造型奇特的婚礼服令人眼花缭乱。

婚礼服的具体造型设计形式有古典式、直身式、时装式、中西合璧式、自由造型式等。

（1）西方古典式：此种婚礼服造型是借鉴欧洲传统婚纱造型，由裙撑、胸垫、臀垫等形成传统的强化女性三维立体造型的一种婚纱造型方式。此种造型方式常夸张女性肩部、胸部、臀部，形成庞大的婚纱体积以衬托新娘的高贵气质。此种造型高雅大方被婚纱产业广泛采用，但缺乏时尚感和个性，如图2-1-1所示。

图2-1-1　西方古典式婚礼服

图2-1-2　直身式婚礼服　　　　图2-1-3　时装式婚礼服　　　　图2-1-4　中西合璧式婚礼服，蔡美月礼服发布会

（2）直身式：此种礼服造型是当今流行的一种婚礼服造型，讲究礼服的合体与自然，是比较适合中国人体型特点的礼服造型，另外此种造型也可根据具体款式作局部夸张，以加强礼服的艺术气息，如图2-1-2所示。

（3）时装式：此种婚礼服造型是借鉴日常装的设计形式，加入礼服的造型特点，塑造一种生活化了的礼服。如借鉴西服领型与衣身特点，融合礼服的裙撑设计，形成一种具有浓厚生活气息的婚礼服，如图2-1-3所示。

（4）中西合璧式：此种婚礼服造型方式是融合中式民族服装的造型特点与欧洲婚纱的造型特色，中西合璧，形成具有中国特色的婚纱礼服造型。如领口结合中国旗袍立领、裙裾结合欧式婚纱造型形成新的礼服造型，这种礼服的造型形式逐渐被越来越多的设计者使用，如图2-1-4所示。

（5）自由造型式：这类造型可不遵循固有的婚纱造型规律，既可借鉴各类服饰造型的特点，又可借鉴其他门类艺术特色与婚纱融合为一体，形成独具一格的婚纱造型。

2.　婚礼服的裙型造型

裙型是决定婚纱外貌的主要部分，婚纱给人的整体印象主要来自于外轮廓形，在婚纱设计中常见的廓形有O型裙、多节裙、筒型裙、A型裙、鱼尾裙、帝政裙、套裙、变化型裙等。不同的裙型会赋予新娘不同的气质，所以裙型在婚纱设计中是非常重要的。

（1）O型裙：O型是婚纱中最常见的裙型，主要特征为上身适体，裙体膨大呈球形，由于裙部庞大，会更显新娘腰身纤细，因此被广泛流行。此种裙型一般采用裙撑辅助造型，可借助裙托部分增加裙子的体积感，使新娘成为视觉的焦点。

（2）多节型裙：多节型裙是传统的婚纱造型之一，主体裙身表层采用多层或多节使面

第二章

婚礼服的设计
与立体造型

图2-1-5　多节型裙婚礼服

图2-1-6　筒型裙婚礼服

图2-1-7　A型裙婚礼服

图2-1-8　帝政裙婚礼服

料叠压形成层次变化，增加婚纱的体积感，如图2-1-5所示。

（3）筒型裙：筒型裙线条流畅上下呈直筒状，略显造型简单，常结合裙拖、罩裙等附加部件来改变单一造型，也可以结合装饰褶等装饰手法丰富造型。筒型裙外轮廓接近于人体，能很好地显示体形，深受消费者喜爱，如图2-1-6所示。

（4）A型裙：A型裙又称喇叭裙，从腰节线向下成喇叭状展开。A型裙造型简洁是婚礼服设计中常用的一种裙型，可结合裙托、罩裙、装饰褶、装饰花边等辅助手段丰富造型，如图2-1-7所示。

（5）鱼尾裙：鱼尾裙是在筒型裙的基础上变化而来的一种裙型，外形像鱼尾状从膝盖处收紧而向下张开，常伴有长长的裙拖设计。

（6）帝政裙：帝政裙源于18世纪早期的新古典主义风格，是一种高腰裙型，腰线从乳线下开始，可使新娘的身材显得修长。帝政裙常结合复杂的胸部装饰使裙身与胸部形成对比来突出裙子造型，如图2-1-8所示。

（7）套裙：套裙是在借鉴生活装的基础上变化而来的现代婚礼服，可以有很多组合方式，如长长的婚纱上可搭配一件刺绣小马甲，也可以是上衣下裳的套装式。

（8）变化型裙：由于婚礼举行方式的变化，婚礼服造型设计已向多元化发展，浪漫与幻想赋予婚礼服不同的造型，不受传统束缚的自由变化型已成为个性新娘的最爱，如图2-1-9所示。

3. 婚礼服的局部造型

婚礼服的局部造型变化丰富，局部造型会在很大程度上影响婚纱的整体造型风格。婚礼服的局部造型包括领型、袖型、腰线、袖子、裙拖等。

（1）领型：领型是婚礼服中非常重要的部件，处于礼服的首要位置，因此领型的设计关系到婚礼服设计的成败。婚礼服的常用领型有圆领、荷叶领、方领、立领、V型领、一字领、船形领、心形领、落肩领、无肩领、吊带领、颈项吊带领等，如图2-1-10至图2-1-12所示。

（2）背部造型：背部造型是婚礼服设计中一个重要的细节，因为在举行婚礼时新娘礼服的每一个细节都是大家关注的焦点。新娘礼服的背部设计有很多种，如：绢花装饰的背部，蕾丝形成的褶饰，开到腰线的V型、U型、圆形领线，直接裸露后背的设计等都可以展现新娘的魅力，如图2-1-13，图2-1-14所示。

图2-1-9　变化型婚礼服（John Galliano设计作品）

图2-1-10　荷叶领

图2-1-11　立领

图2-1-12　心形领

图2-1-13　穿带式的V型背部造型

图2-1-14　玫瑰花装饰的U型背部造型

图2-1-15　自然堆积的褶皱肩部造型

图2-1-16　绢花装饰的肩部造型

（3）肩部造型：无论是传统的还是现代的婚礼服肩部造型都是一个不可忽视的细节，它可以辅助塑造整体的礼服风格，肩部造型往往是袖型或领型的一部分，在现在的礼服设计中亦可独立存在，如图2-1-15，图2-1-16所示。

（4）裙拖造型：裙拖是婚礼服的重要部分，始于中世纪，是西方传统正式婚礼服的象征。裙拖是一条悬挂或拖在裙后长而宽的织物，裙拖可以是裙子后下摆的延长，也可从后腰部开始，还可以从肩部开始，有的甚至用长拖到地的头纱形成裙拖，如图2-1-17，图2-1-18所示。

图2-1-17　拖地式的长裙拖　　　　　　　　　　图2-1-18　装饰华丽的裙拖

二、婚礼服主要的立体造型手法

（1）抽缩法：抽缩法是将布料的一部分用丝线拱缝后将所缝部分进行抽缩，使布料产生自由褶皱，从而使礼服产生肌理感，适用于薄而有光泽的面料，如图2-1-19所示。

（2）编织法：编织法是把面料裁成条状，然后按一定规律编织起来，使礼服增加层次感。除婚礼服外也适用于其他礼服的设计，如图2-1-20所示。

（3）绣缀法：绣缀法是用丝线将面料按照一定的图案进行绣缀，从而使布面产生规律的肌理变化，增加礼服的装饰价值，如图2-1-21所示。

（4）折叠法：折叠法是将面料按照一定的规律折叠，从而使礼服产生层次感，造型丰富厚重，适用于有可塑性的面料制作，如图2-1-22所示。

（5）附加法：附加法是在礼服的面料表面附加装饰物，如：绢花、各类几何形、各类材质饰品等，使礼服更有层次感和艺术性，如图2-1-23所示。

图2-1-19　抽缩法

图2-1-20　编织法

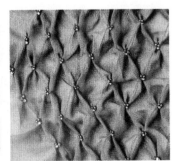

图2-1-21　绣缀法

图2-1-22　折叠法

图2-1-23　附加法

图2-1-24　堆积法

（6）缠绕法：缠绕法是用面料在人体模特上进行缠绕、披挂产生各类礼服造型，这类造型自然合体、线条流畅使礼服显得高贵自然。适合选用柔软有光泽和有垂性的面料。

（7）堆积法：堆积法是将面料在礼服的某一个局部层层堆积成一种肌理，使礼服产生层次和艺术感，如图2-1-24所示。

（8）撑垫法：撑垫法是指通过在礼服面料下撑垫支撑物使礼服具有体积感，取得悦目效果。常用的支撑物有铁丝、海绵、丝棉、硬质纱等。

图2-1-25　婚礼服装饰设计

图2-1-26　Egò 设计作品

三、婚礼服的装饰设计

随着社会经济科技的不断进步，婚礼服装饰设计的形式也越来越丰富。常见的装饰设计形式主要有两种：一是平面装饰；二是立体装饰。

婚礼服作为服装大家庭中的一员，其装饰设计的形式，主要是运用立体装饰设计，一般采用立体绢花、各种刺绣、镂空、钉珠、镶嵌、褶以及各种服装肌理等装饰手法。通过立体装饰设计的形式，可以使婚礼服的表面出现凹凸、褶皱、曲线和波浪式等立体的装饰效果，而且有时其装饰的效果会随着观察者角度的改变和光影的变化而呈现出截然不同的状态，在人体动态的变化中显现出千变万化的效果，事实上，从某种程度上讲，这也是对服装材料进行的再创造。此外，还可以将服装装饰工艺运用在婚礼服上，用各种基本针法发展演变出的各种花型线迹，给服装增添华丽典雅的装饰美，如图2-1-25（1）（2）所示，两款婚礼服都采用的是缀饰的装饰设计手法，都钉缀了亮片或珠子，使礼服的表面具有了立体感，也增加了礼服本身的光泽感。

此外婚礼服的装饰设计，有时还会在其某些部位添加一些其他的装饰物，起到画龙点睛的作用，如图2-1-26，图2-1-27所示。

图2-1-27　Valentino设计作品

四、婚礼服的面料设计

就婚礼服而言，款式、色彩固然非常重要，但是到了具体设计时，如何选择婚礼服的面料更是重中之重，因为婚礼服的款式最终是由材料来完成和体现的，好的色泽也是通过面料的质感才能表现出来的。婚纱可使新娘子成为众人瞩目的焦点，因此在设计婚纱时不但要注重其造型、色彩的设计，面料的选择与设计也非常重要。婚礼服常采用丝绸、缎（真丝缎、雪纺缎）、纱（桑花纱、乔其纱等）、塔夫绸、蕾丝及浮雕效果的丝织物等，现在的婚礼服设计有时也采用皮草、皮革、羽毛、针织、织锦等材料与其他面料进行穿插搭配，突出时尚的效果。

1. 婚礼服常选用的材料

（1）纱质材料：纱质材料是婚纱最常用的材料之一。它的用途比较多，既可用来做材料，也可用来做辅料，感觉轻柔飘逸，能够表现出浪漫朦胧的美感，华丽中藏着神秘，各个季节都可适用。

纱质材料适合设计渲染气氛的层叠型款式、公主型款式、宫廷型款式的婚纱，也可单独大面积用在婚纱的长拖尾上，如果是紧身款式，也可作为罩纱罩在其上。对于纱质材料的婚纱，"层"的概念非常重要。在设计时最好不要设计四层纱以下的，因为若层数太少，会使婚纱看上去不够挺实、蓬松，有干瘪感，根本无法体现纱质材料轻盈、浪漫、充满幻想的感觉，人穿上之后感觉无精打采，达不到婚礼上光艳四射的目的。

（2）缎面材料：缎面材料也是婚纱最常用的材料之一。它质地比较厚实，有线条感，悬垂性好且有重量感，较适合高挑、丰满型的人穿着。同时，因具有一定的保暖性，适合设计春秋季和冬季的婚纱。缎面材料适合设计能够表达隆重感，体现线条感的A字款式、鱼尾款式的婚纱。具有光泽感觉的宫廷式或大拖尾款式的婚纱也常用缎面材料来制作。所选用的缎面材料若是进口厚缎，在制作时加一层内衬即可以达到很好的效果，要是用上不错的裙撑，就会变得更加完美靓丽、光彩照人。但如果是普通的亮缎，只加一层内衬，就会显得特别单薄，因此最好选择三层以上用硬纱做的裙撑，若是使用一般常见的用塑料制作的裙撑，从婚纱外部就会非常明显地看到环型裙撑痕迹，有碍美观。

（3）蕾丝材料：蕾丝材料在婚纱的设计中是作为一种必不可少的辅料出现的，一般在婚纱的边缘作装饰或点缀，有时也会大面积用在婚纱的衣身及下摆处。给人一种贵族的奢华感和体现唯美浪漫气息的特质。

蕾丝材料多用在直身或带有小拖尾的款式上，罩于其他材料之上，可体现出新娘玲珑的身材，如果用作辅料，任何款式都可以用。目前市场上的蕾丝材料设计新颖，工艺独特，经过精细的加工，图案花纹有轻微的浮凸效果，触感更是轻柔，因此现用作主料的频率逐步上升，但蕾丝的整体价位还是比较高，尤其是法国蕾丝价位更高，相对而言国产蕾丝就便宜得多。

（4）真丝材料：由于蚕丝结构的特殊性，导致了真丝材料有着与众不同的光泽感，同时真丝材料质地轻薄，手感柔软顺滑，高雅华丽，带有天然的高贵气息，适合华丽的宫廷式婚纱设计，也是夏季婚纱的首选材料。真丝材料适合设计既简单又时尚的直身款式、鱼尾款式，当然这两种款式对身材要求比较高，也适合用于希腊式直身款婚纱或者装饰简单的宫廷式。

高贵典雅的真丝材料婚纱，不但价格较昂贵，且易起皱，需细心打理。同时由于丝织物的耐光性很差，所以，在洗晒过程中要避免阳光。目前真丝材料差不多是价位最高的婚纱制作材料，大致有100%生丝、真丝绸、真丝双宫等几种，价位也有所差别，从几千元至上万元不等。

2. 婚礼服材料的设计

婚礼服材料的设计方法很多，常见的有：贴缀（将各种亮片、珠子、羽毛、带子、盘线、纽扣等材料镶缀在材料的表面）、扭曲（在材料上进行揉、搓、拧、系扎等设计方法，使材料产生不规律的立体感）、层叠（将几层材料叠放在一起，通过上层的材料能透出下层材料的色彩与质感）等，如图2-1-28至图2-1-31所示。

如图2-1-30所示，A字型的造型，简洁大方，款式没有过多的变化，而在这款婚礼服中能够吸引人的视线，起主要点缀作用的是材料表面的肌理变化——用绣缀的设计手法将鱼鳞状的亮片聚散不一的镶嵌在了材料表面，形成具有立体感的花型作装饰。

如图2-1-31所示，这款婚礼服款式上选用的是传统的A字型造型，而其主要设计点是材料表面的肌理变化，运用层叠的设计方法将多层大小不同的材料叠放到一起，形成向四周放射的感觉，并与荷叶边领口相呼应。

图2-1-28　婚礼服面料肌理设计

图2-1-29　面料肌理变化

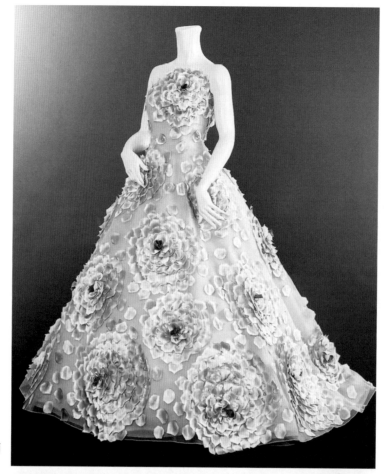

图2-1-30 婚礼服材料表面
的肌理变化

图2-1-31 婚礼服面料设计

五、婚礼服的色彩设计

结婚是人生的一件大事，婚礼服成为了每一个新娘的梦想，而颜色是礼服给人的第一印象，在婚礼服中占非常重要的地位，如图2-1-32所示。

婚礼服的色彩设计中，传统的欧式婚礼服主要以白色为主，突出新娘的高雅与纯洁，但现在的婚礼服设计已突破了传统的模式，西式婚礼服在传统的白色基础上加入各种色彩作点缀，如在白色的主体色调上使用浅紫色的立体绢花作点缀，使婚礼服高贵时尚。中国的传统喜庆色彩是红色，所以红色成为中国婚礼服的主打色彩，但随着欧式礼服的兴起，传统的中国红曾一度在婚礼服中消失。但近几年具有中国味的欧式礼服逐渐流行，如欧式款式加中式色彩，中西结合款式搭配多种色彩等，款式繁多，色彩丰富。

图2-1-32　婚礼服色彩

1. 婚纱礼服常用色彩

传统的婚纱源于欧洲，色彩大多为白色，但不一定是纯白色的，有象牙白、银白、粉白等多种白色。一般选用婚纱的色彩应与周身的其他配饰相协调，即选用同一种色彩。据说，最早婚纱是有很多色彩可选的，直到1840年英国高贵的维多利亚女王在举行婚礼时身着白色婚纱，拖裾长达600cm，此后，很多新娘争相效仿，婚纱就有了属于它的专用色——白色。新娘全身及所有配饰都是一片雪白，在西方的天主教里，原本白色有快乐含义，后来逐渐有了圣洁和忠贞的更高意义。实际上新娘所穿的下摆拖地的白纱礼服原是天主教徒的典礼服。人们结婚必须到教堂接受神父或牧师的祈祷与祝福，这样才能算正式的合法婚姻，所以，新娘穿上白色的典礼服向神表示真诚与纯洁。在其他一些地区，白色还有着更为深刻的含义。例如，在安达曼群岛（Andaman Islands），白色代表一种地位的变化。白色的婚纱在早期是贵族的特权。在维多利亚女王时代，大多数的新娘只能穿传统的国家服装，只有上层阶级才能穿代表权力和身份的白色婚纱。一直到近代，贵族阶级的特权消失以后，白色的婚纱才成为普通新娘的礼服。在西方白色被认为与童贞有关，也正是因为如此，再婚的女士是不可以穿纯白色婚纱的，只有那些初次踏入婚姻殿堂的人才有资格穿它，这也正是人们对它格外珍惜、倍加推崇的原因。如今，有的人不懂婚纱的来历，自己别出心裁，把新娘的婚纱做成浅绿或浅蓝的颜色。但是，按西方的风俗，只有再婚妇女，婚纱才可以用浅绿或湖蓝等颜色，以示与初婚区别。西欧人的传统婚纱中还流行着一些奶油咖啡色调的婚纱，这与他们黄头发、蓝眼睛、白皮肤较为协调，尤其是白粉色的肌肤穿淡黄色会显得很协调。婚纱除了纯白、象牙、米黄等传统颜色外，近年也日渐流行整套粉色的婚纱，如粉红、粉橙、粉蓝、粉紫、粉绿及浅银灰色，非常柔和悦目。

2. 婚纱礼服配饰色彩设计

婚礼服中的各种配饰就像是婚礼服中的精灵，为各式各样的不同颜色的婚礼服增加活力。配饰的种类很多，色彩也较为丰富，鲜花配饰、蕾丝花边、施华洛士奇水钻、珍珠、皮草、甚至还有贝壳等，让人眼花缭乱。而今，最当红的设计元素就是那种复古的奢华宝石，那璀璨的光芒闪耀在婚纱的每个细节，整体色彩都显得那样迷幻，人人仿佛回到了洛可可时代，淹没在浪漫的氛围之中。John Galliano的设计作品中的新娘，仿佛是莎士比亚宫廷剧中的人物，整个设计中饰品应用较多却不喧闹、张弛有度。

在众多的配饰中蕾丝的作用也开始突显。它是增添复古情调的好手，如果选用了白色的蕾丝，可以增加婚纱的华丽感，也可使原本单调的白色变的更有层次感；如果选用了彩色的蕾丝，那会为婚纱增加一抹俏皮的情调。

最为华丽的婚纱是用金银丝线编织在面料里，整个婚纱呈现银灰或淡黄的颜色，在阳光的照耀下格外耀眼，这是欧洲皇室贵族最为崇尚的婚纱色彩。

3. 婚纱礼服色彩中的中国元素

在中国这片神圣、古老的国土上有着自己特有的"婚纱"色彩，那就是大红色。这是中国最为喜庆、吉祥的色彩。新郎和新娘都穿红色的礼服，象征着吉祥如意，预示着结婚后日子能过的红红火火。西方婚纱传入中国后，色彩也具有了中国特色，红色、粉色、黄色、紫色等吉庆色彩出现在了婚纱的设计中。

婚纱色彩追随流行不断变化，但传统的纯白色婚纱一直占统治地位，从简洁到烦琐，从烦琐再到简洁，每次婚纱所经历的变革始终走在流行的最前沿。

六、婚礼服的整体搭配设计

婚宴的日子，每位新娘都希望把自己打扮得美丽出众，而设计精巧、合体的婚礼服是必需的，同时与之相对应的服饰品的作用也不容忽视，因为服饰品在服装的整体造型搭配中起到了烘托、陪衬、画龙点睛的作用，有时一点强调、一点点缀可使平淡无奇的服装顿生光彩。一般与婚礼服相搭配的最常见的饰品有首饰、手套、鞋子等。

首饰作为婚礼服的点缀或补充，若戴得好能够起锦上添花的作用，可以衬托出个人独特的气质。相反则会破坏婚礼服的整体美感。婚礼上新娘如花般娇艳，当花朵与珠宝相遇，必将绽放出迷人的光芒。而戒指、耳环、项链是穿着婚礼服必不可少的饰品。

戒指作为手指上唯一的装饰品，向来是新娘不可缺少的配饰，它可以看作是一种约束，一种潮流，甚至是一份心的承诺。纤纤十指上闪烁的，不再是小家碧玉式的精致细巧，取而代之的是简洁典雅的超大号戒指，它夸张、华美，闪烁着耀眼的光芒，成为彰显时尚与潮流的风向标。

项链也是婚礼上新娘的主要首饰之一。项链的种类繁多，造型丰富，具有较强的装饰性，大致可分为金属项链和珠宝项链两大系列。在佩戴项链时应注意与自己的婚礼服风格、体型相协调。

缤纷多彩的耳钉、耳环是婚礼上新娘们最宠爱的贴心饰品，因为它不但能为简单的礼服增添耀眼的光彩，更能使新娘成为婚礼上的焦点。

在手套方面，如果礼服是露肩式的，可以选择长手套，长度大约超过手肘一点点，再微微下拉，做出皱折的效果，这样会使胳膊有修长的视觉感。如果是短袖或七分袖的礼服则要搭配短手套，这样就不会让手的曲线变短。

在鞋子方面，若是白色婚纱礼服可以选择白色或银灰色的鞋子，若是其他颜色的礼服则可根据礼服的颜色来搭配，黑色、珍珠灰或带点光泽的颜色都不错，鞋根的高度最好高一点，这样可以让整个人感觉更修长。此外头饰在婚礼服整体搭配中的作用也是不容忽视的，尤其是头纱。

七、婚礼服名品赏析

图2-1-33 Lazaro设计作品，这两款婚礼服采用薄纱、欧根纱等材质，设计融入了欧洲复古情怀和浪漫主义的元素，整体呈现出奢华、唯美浪漫的风格。选用立体裙摆造型设计，表面层次丰富的面料肌理、华丽的手工珠绣，营造出清新脱俗的浪漫与华丽之感。

图2-1-34 Vera Wang的设计作品，简洁流畅，轻薄坚挺的面料是她婚纱的一大特色。白色是传统婚礼的首选，象征着爱情的纯洁，轻盈飘逸的白纱，经过不同的层叠设计，再配以蕾丝或花边作点缀，更加体现了新娘的甜美与纯洁。

图2-1-33　Lazaro设计作品

图2-1-35 Pepe Botella设计作品，富有光泽感的面料、层叠的裙摆，再加上领口的荷叶褶设计及腰间的蝴蝶结装饰，塑造出了女人的优雅，体现出宛如希腊女神的高贵典雅。

图2-1-36 Lee Seung Jin设计作品，其优雅、知性、简约的设计充分突显出女性之美，裙摆不规则的层叠设计简约大气，再利用配饰最大限度的烘托出新娘的高贵气质。

图2-1-37 Krikor Jabotian设计作品，流畅的曲线外形、精湛的立体剪裁，层叠的波浪褶增加了这一系列婚纱浪漫与个性，胸部与腰部的珠花点缀使礼服大气简约的造型中增加了细节装饰。

图2-1-38 Vera Wang设计作品，中国红是吉祥的象征，裙裾不规则的丰富层叠设计，与上身的简约造型形成对比，再配上热烈的大红，使新娘气场十足。

图2-1-34　Vera Wang的设计作品

图2-1-35　Pepe Botella设计作品

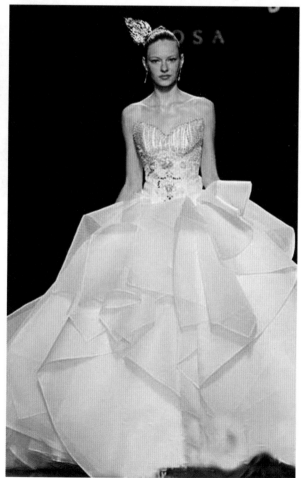

图2-1-36　Lee Seung Jin设计作品

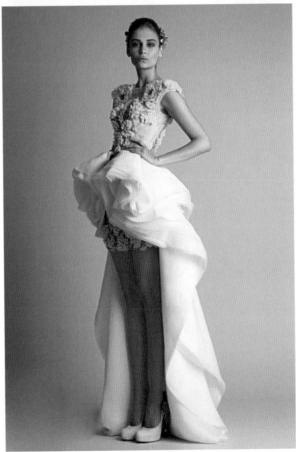

图2-1-37 Krikor Jabotian设计作品

第二章

婚礼服的设计
与立体造型

图2-1-38　Vera Wang设计作品

小结　　　本节主要讲解了婚礼服的造型、装饰、面料、色彩、整体搭配等设计理论知识点，在掌握所讲理论的基础上，只有灵活运用才能设计出具有创新意义的婚礼服。

训练
项目　　　自拟品牌，进行婚礼服产品定位，设计开发一系列婚礼服产品。

第二节　自由褶皱造型婚礼服

一、款式分析

款式构成：此款婚纱合体度较好。它是在规则褶皱的基础上依照人体造型收出不同效果的立体省道，使服装更有看点。裙腰部分和下摆部分均利用布料的镂空花纹使婚纱的色彩更丰富，更有层次感，如图2-2-1所示。

色彩构成：由于是婚纱，主打色当然是白色，但是布料本身有暗花纹，所以呈现的白色有深有浅，并不单调。镂空的部分是选用赭石色和金色的线锁缝边缘，有了这两种颜色的配合，白色的婚纱变的更加有活力。

细节构成：胸部的造型是以贝壳为原型，收成放射状省道，让人联想到爱神维纳斯在海上乘着贝壳归来，作为婚纱是再合适不过了。腰部的镂空绣花体现着女性的妩媚，在这里可以看到肌肤本身的颜色，使婚纱层次感更强。从腰身向下的造型更像是"罗马柱"，根据腰部的曲线收出竖向分割的立体省道，随着胯部的突出省道消失。下摆处有镂空的花纹与腰部相呼应，整体造型协调统一。

面料构成：主料为棉涤混纺面料，质地较松散，透气性较好。提花的部分是选用玻璃纱为底料用橘黄色涤棉线电脑绘制镂空花型，如图2-2-2所示。

二、立体裁剪操作分析

1. 本款式的主要知识点

（1）礼服面料的改造处理，本款礼服利用规则性褶皱改变面料原有的单薄感，同时节奏感很强。

（2）比例设计的应用，礼服横向褶皱和竖向收省的面积比重，即裙子上部和下部的比例分割。

（3）礼服整体造型的协调，点缀装饰设计和整体的协调。

2. 本款式的主要技能点

（1）胸部扇形褶皱的整理。

（2）整体造型的把握。

图2-2-1　效果图

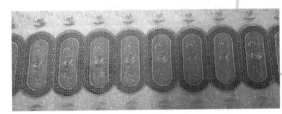

图2-2-2　电脑提花镂空花型的布料

3. 婚纱规格设计

部位	总裙长	胸围	腰围	臀围	上片
尺寸（单位：cm）	170	88	68	94	23

三、主要制作步骤

1. 上身部分的制作

第一步：准备前片底布面料。确定上身底片的位置及大小：如图2-2-3所示，由前中心点下量3cm确定点A，过A点做一条水平线。布料的长度为从水平线向下过胸高点到腰围线的垂线段长度。布料宽度在胸围线上量取，左侧缝线到右侧缝线的长度，左右再各追加3cm，如图2-2-4所示。

第二步：前片底布的立体裁剪。将前片布料按量取位置固定在人台上，人台前中心线保持纱向正直，为直纱。将布料上口的余量以胸高点为圆心转移到腰省的位置上。人台胸高点两侧腋下的位置要使布料自然贴合人台，固定布料，如图2-2-5所示。从大臂根部向下2cm，依照大臂根部的形状确定袖窿弧线。袖窿保留1.5cm的缝头，将多余布料清剪，如图2-2-6所示。在前片侧缝上，由于腰的凹陷，会使布料不平伏，可以通过打剪口来解决。在侧缝腰节凹陷处打剪口，如图2-2-7所示。收前片的腰省，在公主线上掐缝腰部的多余布料，如图2-2-8所示。按掐缝时省的位置和大小，折缝腰省量，如图2-2-9所示。左右操作方法相同，斜侧面完成的效果如图2-2-10所示。

第三步：准备后片底布面料。后片由后中心点向下量取8cm确定B点，过B点做一条水平线，在肩的两端要与前身片上口线保持水平一致。后片底布长度同前身保持一致，如图2-2-11所示。

第四步：后片底布的立体裁剪。将后片布料按量取位置固定在人台上，人台后中心线保持纱向正直，为直纱。将布料固定在人台上。过后背宽线作一条与地

图2-2-3　前片底布

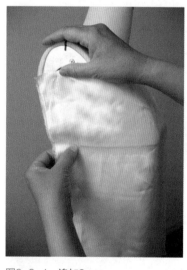

图2-2-4　追加3cm

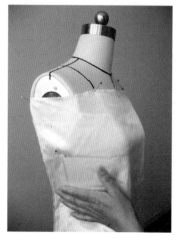

图2-2-5　侧面

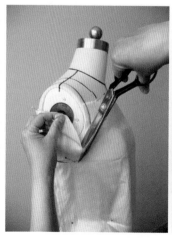

图2-2-6　袖窿保留1.5cm的缝头

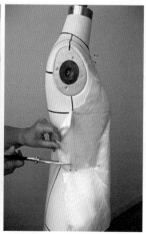

图2-2-7　腰节打剪口

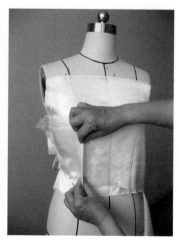

图2-2-8　掐缝多余布料

图2-2-9 省

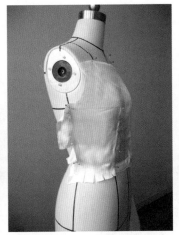

图2-2-10 斜侧面效果

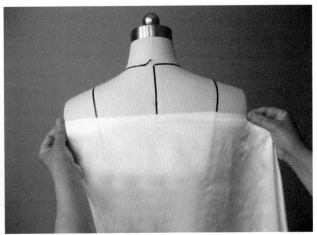

图2-2-11 取后片底布

图2-2-12 丝缕取正

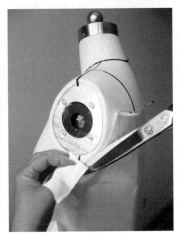

图2-2-13 袖窿弧线要顺

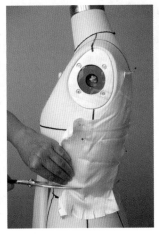

图2-2-14 打剪口

图2-2-15 做省

面垂直的线,如图2-2-12所示,保持这条线垂直贴合人台并固定,这时腰部会出现多余的松量,这就是后腰的腰省量。从大臂根部向下2cm,依照大臂根部的形状确定袖窿弧线。袖窿保留1.5cm的缝头,将多余布料清剪。前后片的袖窿弧线要顺,如图2-2-13所示。同样,为保证布料伏贴,在侧缝腰节凹陷处打剪口,如图2-2-14所示。收后片的腰省,在公主线上掐缝腰部的多余布料,如图2-2-15所示。按掐缝时省的位置和大小,折缝腰省量,如图2-2-16所示。清剪前后片侧缝的多余布料,保留1cm的缝头。将前后片在侧缝处折缝到一起,如图2-2-17所示。

第五步:准备婚纱面料前片宽为96cm,长为80cm。将婚纱面料铺平,将面料分成如图2-2-18所示的间隔,按间隔5cm和3cm重复12次,倒向一致捏成褶皱。褶皱的两端可以各预留7cm的缝份,完成折叠

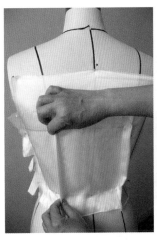

图2-2-16 省量

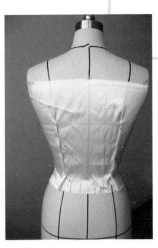

图2-2-17 前后片在侧缝处折缝

图2-2-18　打褶示意图

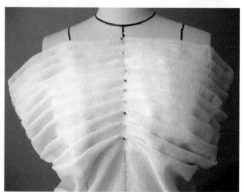

图2-2-19　完成折叠的布料

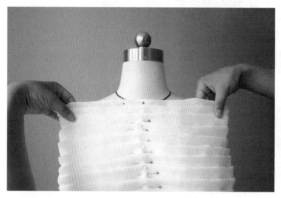

图2-2-20　褶皱与前中心线垂直

图2-2-21　在前中心线上固定褶皱

的布料，如图2-2-19所示。

　　第六步：前片褶皱的制作。将完成折叠的布料在人台的左右两侧均分，褶皱与前中心线垂直，如图2-2-20所示。在前中心点低落3cm的位置放置布料，在前中心线上所有的褶皱固定，如图2-2-21所示，掀起褶皱折下0.5cm固定，如图2-2-22（1）所示。其他褶皱操作方法与此相同，如图2-2-23所示。在最上端的褶皱中心点左右各量取4cm找到C、D点，在最下端褶皱中心点左右各量取5cm又找到E、F点，将C、E点连线并向上提拉2cm使其产生松量，松量向下依次减小。D、F点连线的操作方法与C、E点相同。保持左右对称，如图2-2-23所示。由C、D点向侧缝方向左右各量取5cm找到G、H点，E、F点向侧缝方向左右各量取3cm找到I、J点，将G、I点连线并向上提拉3cm使其产生松量，松量向下依次减小，I点与E点之间的距离为2cm，松量为1cm，这个松量大于前中心线与E点之间的松量。左右操作方法一致，保持左右对称，如图2-2-24所示。

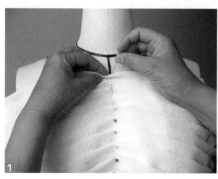

图2-2-22　褶皱操作方法

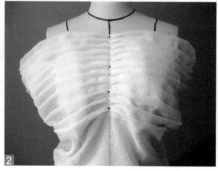

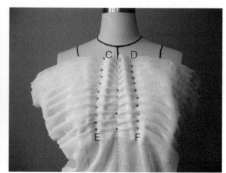

图2-2-23　左右第一道褶皱

图2-2-24 第二道褶皱

图2-2-25 第三道褶皱的操作

图2-2-26 左右一致

图2-2-27 褶皱的完成效果

图2-2-28 与后中心线垂直

分别从G、H点向左右各量取6cm，找到K、L点。从I、J点左右各量取4cm，找到M、N两点。将K、M点连线并向上提拉4cm使其产生松量，松量向下依次减小，M点与I点之间的距离为2cm松量为2cm，这个松量大于I点与E点之间的松量。左右操作方法一致，保持左右对称，如图2-2-25所示。分别从K、L点向左右各量取7cm，找到O、P点。从M、N点左右各量取5cm，找到Q、R两点。将O、Q点连线并向上提拉5cm使其产生松量，松量向下依次减小，Q点与M点之间的距离为2cm，松量为3cm，这个松量大于M点与I点之间的松量。左右操作方法一致，保持左右对称，如图2-2-26所示。完成后左右各形成4道立体褶皱，从中心线依次向两侧放射状排列，褶皱逐渐变大，从上口褶皱量到下端逐渐减小，如图2-2-27所示。

第七步：准备婚纱面料后片宽为96cm，长为52cm，打褶方法同前片一样。

将完成折叠的布料在人台的左右两侧均分，褶皱与后中心线垂直，如图2-2-28所示。在后中心线向下8cm的地方固定布料，后片不做立体褶皱处理。在左右侧缝线的位置将前后布料折缝到一起，留缝头2cm。检查前后褶皱是否在同一条水平线上，是否在侧缝的位置接上，如没有，要适当调整前片立体褶皱的松量，直到前后褶皱顺线。清剪褶皱下端的多余布料，留2cm缝头，如图2-2-29，图2-2-30所示。清剪后如图2-2-31所示，按臂根形状落低2cm确定袖窿弧线，弧线的形状与底布的形状要一致，缝头留1.5cm，如图2-2-32所示。

图2-2-29 清剪褶皱下端

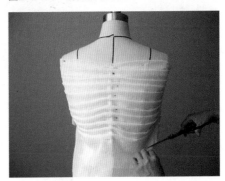

图2-2-30 清剪后留2cm缝头

第二章

婚礼服的设计
与立体造型

图2-2-31 清剪后

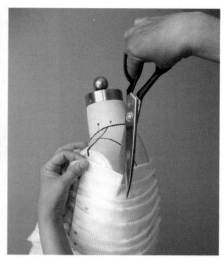

图2-2-32 清剪袖隆

2. 下身裙子的立体裁剪

第一步：准备前身裙子的布料。长170cm，宽80cm的有提花的面料。拥有提花9个。布边上端距第一排提花20cm，提花长21cm，中间提花距底摆提花108cm，如图2-2-33所示。

第二步：前身裙子的立体裁剪。将9个提花中间的一个提花的中线与人台的前中心线对齐，提花上边缘与腰围线对齐，把布料固定在人台上，如图2-2-34所示。上口留下的20cm向内折进4cm为缝合量。裙子与上衣缝合后会有2cm的眼皮量，所以这里的实际缝头只有2cm。在提花和提花之间收4cm的纵向褶皱量，两边操作方法一致，褶皱延长到上口折边，褶皱的收量到上口逐渐减少为2cm，有托住胸部立体褶皱的效果，如图2-2-35，图2-2-36所示。左右各收4个纵向立体褶皱，如图2-2-37所示。

第三步：准备后身裙子的布料。布料的准备放法和布料准备的大小与前片完全相同。

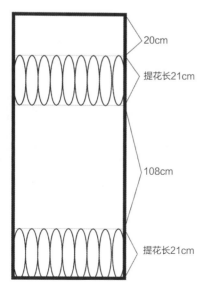

图2-2-33 前身裙子布料的准备示意图

20cm

提花长21cm

108cm

提花长21cm

图2-2-34 固定前身裙片

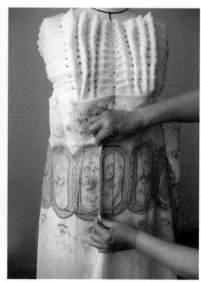

图2-2-35 收第一个纵向褶皱

图2-2-36　收第二个纵向褶皱

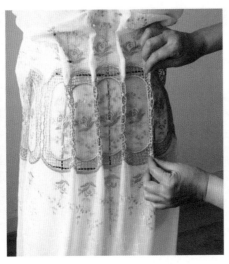

图2-2-37　人台左右各两个纵向褶皱

图2-2-38　固定后片

将9个提花中间的一个提花的中线与人台的后中心线对齐，提花上边缘与腰围线对齐，把布料固定在人台上，如图2-2-38所示。后片不用做纵向立体褶皱，直接将裙子固定平展即可，如图2-2-39所示。前后裙片在侧缝的地方折缝到一起，裙子呈喇叭状向下口展开，裙子的上口可以将多余的提花剪掉，裙子下摆依然保持9个提花。缝头为1cm。最后制作时要注意将褶皱固定到底布上，每个需要固定的点就是大头针所在的位置。可以在固定点加点装饰物。

3. 局部效果

胸部的立体褶皱呈放射状，像贝壳的纹路，肌理明显，如图2-2-40所示。腰部的纵向立体褶皱与胸部的立体褶皱构成形式相似，有协调整体造型的效果，如图2-2-41所示。

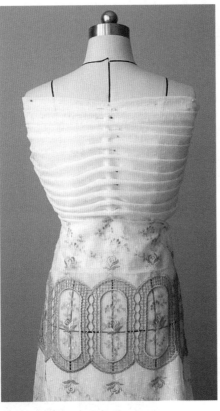

图2-2-39　后片完成效果

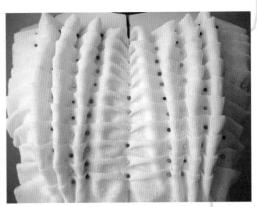

图2-2-40　局部效果

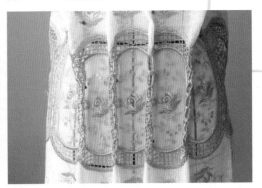

图2-2-41　腰部的纵向立体褶

四、完成效果

本款婚礼服的最后完成效果如图2-2-42、图2-2-43所示。

小结

本节主要讲解规则放射状褶皱在婚礼服中的设计运用，以及婚礼服款式的整体节奏把握，装饰的合理运用等。主要的技术难点是褶皱整体协调性的把握。

训练
项目

按照所讲婚礼服的款式及立体裁剪制作方法，用坯布制作一款婚礼服。
要求：（1）款式表达准确、完整。
　　　（2）立体裁剪技法准确、熟练。
　　　（3）制作样衣。

图2-2-42　正面效果

图2-2-43　反面效果

第三节 肌理造型婚礼服

一、款式分析

款式构成：此款婚纱造型是继承传统的欧洲礼服造型的特点设计而成。主要参照欧洲近世纪的女装造型，那时女子的服装通过上半身胸口的袒露和紧身胸衣的使用与下半身膨大的裙子形成强烈对比，这种款式服装重心在下半身，呈上轻下重的正三角形，很安定，是一种静态美。上身简洁合体的裁剪，选用了露肩、低胸的款式，更能体现女性曲线的柔美。下身是自然垂下的A字型裙，轻盈的裙型，再加上富有动感的装饰褶皱和精致的手工花边，使本款婚纱整体透着法国浪漫主义的情调，穿着后显现优雅的气质并略带雍容华贵之感，如图2-3-1所示。

色彩构成：此款礼服主要采用单一的色彩，利用布料的反光效果，形成不同的色彩对比。主色为纯白色，闪银色为点缀色。

细节构成：此款礼服左侧的胯部主要以线状堆积褶皱进行装饰，低胸的领口选用有银丝包边，银色亮片和玻璃串珠装饰的珠罗纱刺绣花边来装点。

面料构成：此款礼服选用纯白色有柔和反光效果的软缎作为面料，辅料为带有装饰性的珠罗纱刺绣花边。

二、立体裁剪操作分析

1. 本款式的主要知识点

（1）礼服平衡设计的应用，本款婚纱利用线状堆积褶皱作成花饰，它与周围的放射状褶皱形成了一种不对称中的稳定感。褶皱面积的大小和裙子整体面积形成强烈对比，存在着不安定的要素，形成轻快的运动效果。

（2）礼服整体造型的协调，礼服的长度设计与点缀装饰设计的协调。

2. 本款式的主要技能点

（1）裙型的整体塑造。

（2）线状褶皱肌理的制作。

图 2-3-1 效果图

3. 礼服规格设计

部位	总裙长	胸围	腰围	臀围
尺寸（单位：cm）	170	88	68	94

三、主要制作步骤

1. 前片的制作

第一步：确定前身片的位置。设定人台的前中心线与胸围线的交点为A点，从A点沿前中心线向上量取5.5cm找到B点，过B点做前中心线的垂线段，左右各截取4.5cm找到C点和D点。分别在左右侧缝线上由大臂根部向下量取2cm找到两点，将这两点分别和C、D连线，然后将C、D两点分别画顺成圆角，要求左右对称。

第二步：确定前身片布料的大小。准备白色软缎155cm见方的一块布，按对角线作一条参考线，由对角线顶端向下量取14cm找到一点，过这点做对角线的垂线，沿垂线将三角形剪掉，如图2-3-2所示。

第三步：前身片的制作。将参考线和人台上的前中心线重合，保证左右两个侧缝都有2cm的缝份，将多余的清剪，领口按人台上设计的"M"状进行清剪，并加以固定。如图2-3-3所示，在前腋下处掐合省缝，要求省的位置左右对称。在左右侧缝适当打剪口，以保证上身衣片的平伏，如图2-3-4所示。按预先设计的褶皱形态，在左腰下部的位置将布料提起，做成"C"状褶皱加以固定，再向上提起布料作成"S"状褶皱，各种弯曲的线形堆积成花的形状，注意线的分布要均匀，不要过于规则，周边形成的放射状褶皱要整理流畅，如图2-3-5所示。

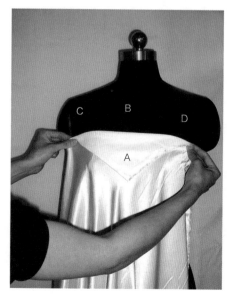

图 2-3-2 取料

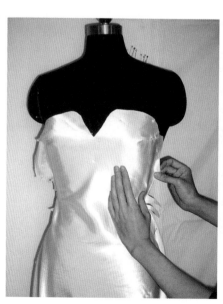

图 2-3-3 做腋下省

图 2-3-4 侧缝打剪口

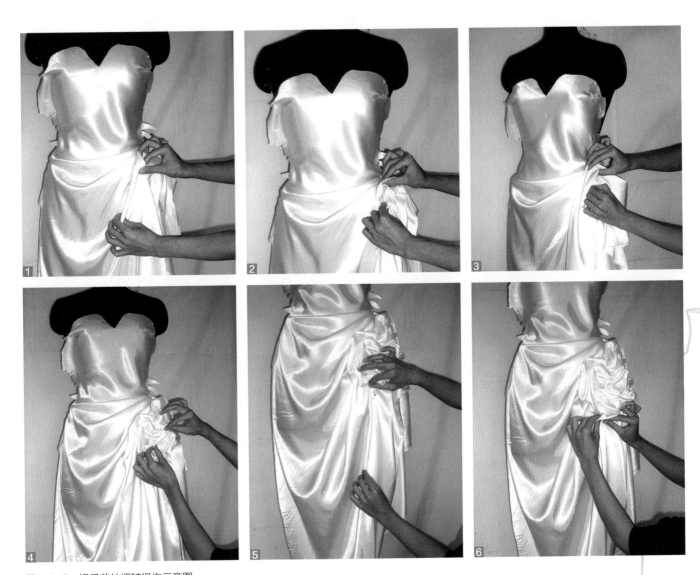

图2-3-5　裙子前片褶皱操作示意图

2. 后片的制作

第一步：确定后身片上衣的位置。在人台后中心点向下量取21cm找E点，过E点做后中心线的垂线段，过E点向下量取5.5cm确定F点，E点向左右各量4.5cm再确定G、H点，分别在左右侧缝线上由大臂根部向下量取2cm。找到两点，将这两点分别和G、H连线，然后将G、H两点分别画顺成圆角，要求左右对称，如图2-3-6所示。

第二步：确定后身片上衣布料的大小。准备白色软缎，取长度为从E点到腰节线的长度再加3cm预放量，宽度在胸围线上量取左侧缝线到右侧缝线，左右各加2cm的缝份。

第三步：后片上衣的制作。保证后中心线是直纱，将后中心线固定，将腰部多余的量推向侧缝，腰线以下不平伏的地方要打剪口，后片没有省，整个后身很合体。将后中心上口处也要依照人台上设计的"M"状进行清剪，如图2-3-6所示。

图2-3-6

第四步：后片裙子的制作。准备布料长120cm，宽96cm。在腰节向上3cm的地方固定布料，两端尺寸均分宽度。在人台左边裙子侧缝处要与前片的褶皱相搭接，搭接量可以保持在5cm左右，搭在褶量的下面，将多余的量清剪掉。为使裙子成为"A"字型，下摆的宽度不要剪掉，被清剪形状呈三角形。捏住人台右边裙子侧缝的上端向右上角45°的方向提拉并打出细小的褶皱，如图2-3-7所示，在后裙片形成放射状的褶皱。最后将提起的部分旋转成花型固定。裙子的左右侧缝都要和前片相搭缝。

第五步：给婚纱加装饰花边。让花边与身片相搭接2cm，裙子上身侧面的接缝处也按花型清剪成"V"字型，前后身花边在侧缝的缝头为2cm，如图2-3-8，图2-3-9所示。

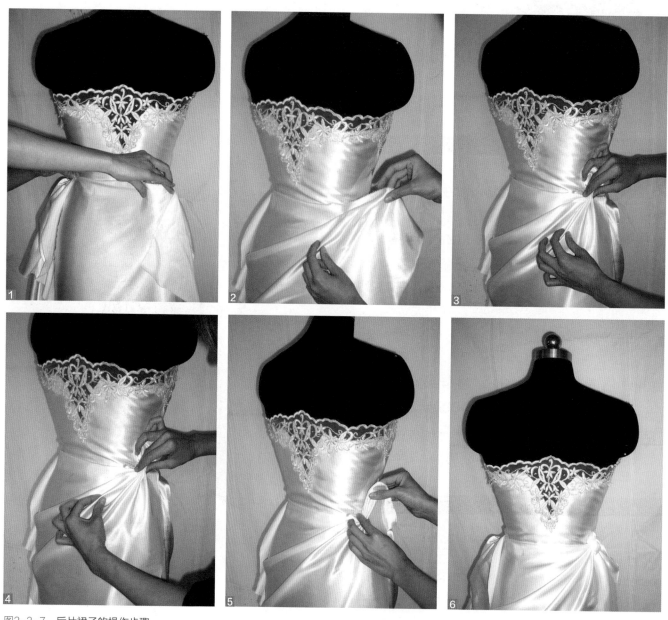

图2-3-7　后片裙子的操作步骤

图2-3-8 装饰花边　　　　　　　图2-3-9 固定装饰花边

四、完成效果

本款婚礼服的最后完成效果如图2-3-12，图2-3-13所示。

小结

　　本节主要讲解"A"字型裙型的整体造型的塑造，以及婚礼服各个细节之间协调性的把握，装饰的合理运用等。主要的技术难点是婚礼服各个细节之间协调性的把握。本款式的主要技能点分析：

　　（1）裙型的整体塑造。裙子的整体造型为"A"字型，裙摆自然垂下，没有使用裙撑，这样可以使花饰褶皱更自然。两个侧缝有褶皱的地方要搭缝，将花褶露在外边。没有褶皱的地方可以打剪口然后掐缝。

　　（2）线状褶皱肌理的制作要点。每捏起一个褶皱都要在褶皱的下端进行固定。褶量不能过大或过小，大了会产生下垂现象，小了立体效果不明显，褶量可以控制在3~4.5cm。褶的面积占整个裙子高度的1/5左右，如图2-3-10，图2-3-11所示，不可过大，否则会使人穿着有个子矮的感觉，过小会影响装饰效果。

图2-3-10 褶皱肌理　　　　　　　图2-3-11 褶皱肌理位置

按照所讲婚礼服的款式及立体裁剪制作方法，用坯布制作一款婚礼服。

要求：（1）款式表达准确、完整。

（2）立体裁剪技法准确、熟练。

（3）制作样衣。

图2-3-12　正面图

图2-3-13　背面图

第四节 规律褶造型婚礼服

图2-4-1 效果图

一、款式分析

款式构成：此款灯笼式婚礼服是有着浓郁的民族感的礼服。它以中国传统节日吉品——灯笼，作为基础造型，采用两个灯笼连排，并在下摆处形成褶皱，极具节奏感。为呼应整体造型，在前胸V字领口处用连续Z字形褶皱，使上下两种不同感觉的褶皱相映成趣，如图2-4-1所示。

色彩构成：此款礼服主色为纯白色，彰显着穿着者圣洁、高贵之感。闪光金色为点缀色，绛紫色和橘红色为装饰色，起到衬托的作用。

细节构成：此款礼服前胸部分V字领口处主要以连续Z字形褶皱作为装饰，Z字形褶皱用亮金色的丝带以Z字形式连接等分点，将丝带下的布料拽出均匀褶量。

面料构成：此款礼服选用白色软缎面料，面料要求有一定硬挺度并有光泽感，辅料装饰为金色丝带。

二、立体裁剪操作分析

1. 本款式的主要知识点

（1）礼服面料的改造处理，即利用分割区域，添加布料的方法形成褶皱肌理。

（2）礼服造型设计的应用，本款礼服利用灯笼造型在下缀处形成有规律的褶皱，富有很强的节奏感。

（3）礼服整体造型的协调，礼服的长度设计与灯笼褶大小造型设计的协调。

2. 本款式的主要技能点

（1）裙子的整体塑造。

（2）灯笼褶皱的制作。

3. 礼服规格设计

部位	总裙长	胸围	腰围	臀围
尺寸（单位：cm）	170	88	68	94

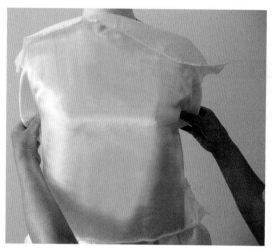

图2-4-2 确定标准点

三、主要制作步骤

1. 上衣的制作

第一步：人台的准备工作。确定上衣的领口大小及袖窿位置：由侧颈点沿肩线下量4.5cm确定点A，B点与A点以前中心线为轴左右对称。在前中心线与腰围线的交点向上4.5cm确定C点，这样V字型领口就确定好了。由A点沿肩线量取5cm取点D，这样就确定了上衣的肩宽。E点为胸围线和侧缝的交点，D、E之间为袖窿弧线，线条要顺畅。F、G与D、F是在左半身对称的两点，如图2-4-2所示。

第二步：布料的准备。长度为从A点起经过胸高点到腰围线，上下各追加3cm操作量。宽度为从E点经过两个胸高点到G点，左右各追加3cm操作量，如图2-4-3所示。

第三步：按照预先设计好的领口及袖窿形状清剪布料，如图2-4-4所示。留1cm的缝头即可。左右腰部的余量如箭头所示，向袖窿肩部领口推移，如图2-4-5，图2-4-6所示。清剪袖窿，如图2-4-7，图2-4-8所示。在侧缝腰线处打剪口，如图2-4-9所示。

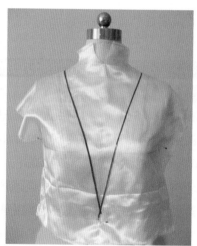

图2-4-3 取料

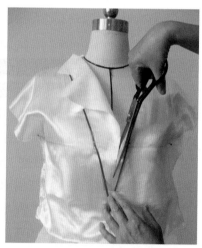

图2-4-4 确定领口

图2-4-5 打剪口

图2-4-6 转移省量

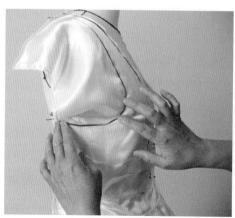

图2-4-7 确定袖窿

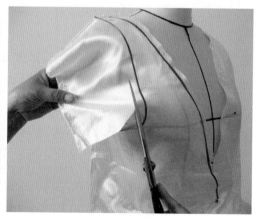

图2-4-8 清剪袖窿

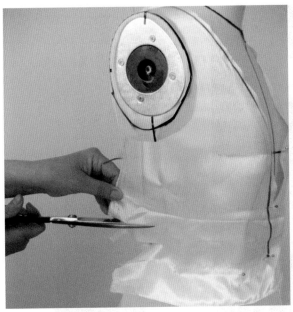

图2-4-9　打剪口

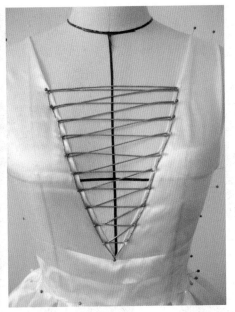

图2-4-10　确定丝带位置

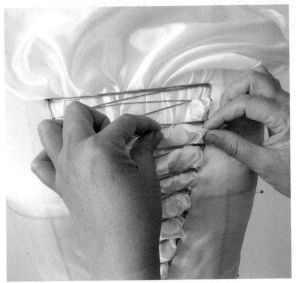

图2-4-11　插入布料

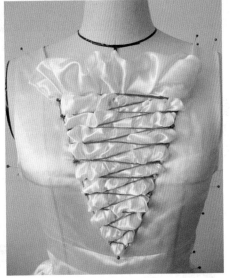

图2-4-12　调整立体褶

　　第四步：从A点沿领口向下量10cm作为丝带最上口的位置。将剩下的长度分成10等份，等分点就是丝带固定点，如图2-4-10所示。

　　第五步：取长宽均为丝带编织区域两倍的三角形布料，插入丝带编织区内，在丝带编织空隙间整理出立体褶量，如图2-4-11，图2-4-12所示。

2. V字领上衣后片的制作

　　第一步：布料的准备。长度为从A点起经过肩胛骨至腰围线，上下各追加3cm操作量。宽度为从E点到G点的水平宽度，左右各追加3cm操作量。后中心线均分左右布料，并将经纱固定在人台上，如图2-4-13所示。左右腰部的余量如箭头所示，向袖窿肩部领口推移，如图2-4-15（1）所示。

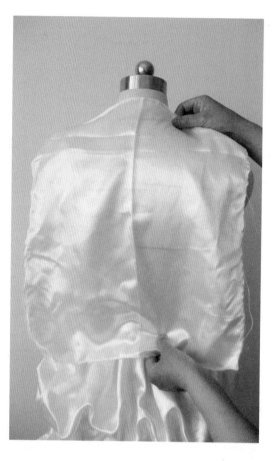

图2-4-13　取料

第二步：按照预先设计好的领口及袖窿形状清剪布料，在弧度大的地方可以适当打剪口。最后保留1cm的缝头即可，如图2-4-14至图2-4-15所示。

3. 裙子前片的制作

第一步：准备布料。长度为成品裙长加40cm。宽度为前身腰围的三倍，折成双暗裥褶。别针位置距布边缘3cm。第一个灯笼褶长45cm，第二个褶长35cm，分别用针固定，如图2-4-16所示。

第二步：腰围线向上3cm作为操作量，将布料放置到人台上，如图2-4-17所示。

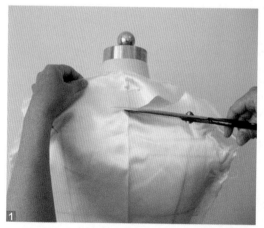

图2-4-14　后领口制作 1　　2

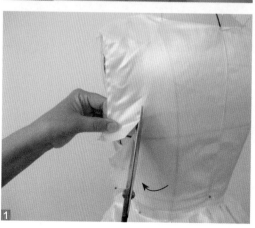
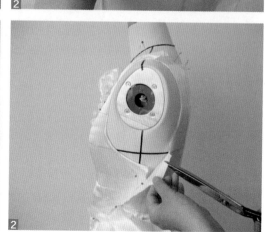

图2-4-15　袖窿制作 1　　2

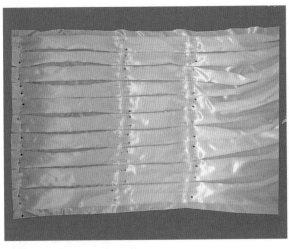

图2-4-16　灯笼褶的平面固定

图2-4-17　固定裙片

第三步：将布向上推移25cm，形成第一个灯笼褶，如图2-4-18所示。整理褶皱的波浪花形，如图2-4-19，图2-4-20所示。

第四步：由第一个灯笼褶底部再向上推移20cm，形成第二个灯笼褶，如图2-4-21所示。

第五步：整理灯笼褶皱造型，如图2-4-22所示。

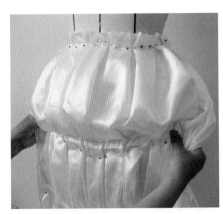

图2-4-18　做褶

图2-4-19　整理褶皱

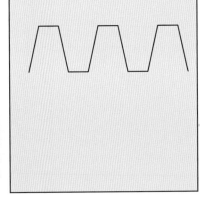

图2-4-20　波浪形

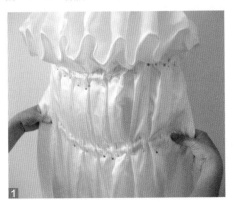

图2-4-21　做第二个灯笼褶

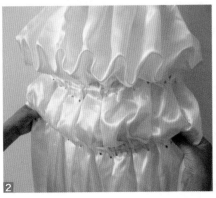

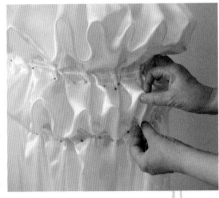

图2-4-22　整理造型

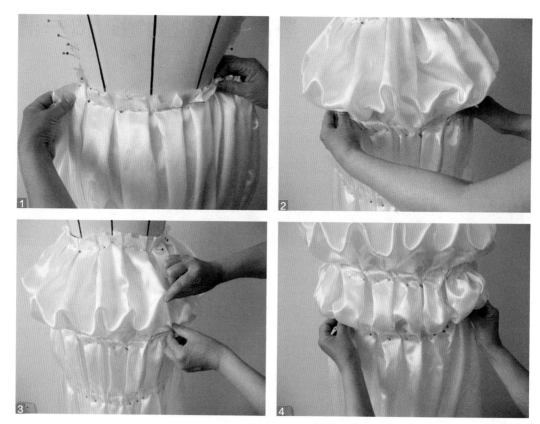

图2-4-23　裙后片的制作

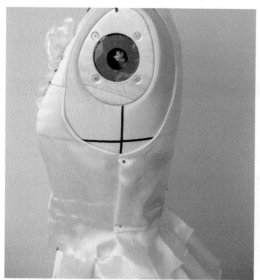

图2-4-24　腰部处理

图2-4-25　后腰部处理

　　4. 裙子后半身的制作

　　操作方法与前片完全相同，如图2-4-23所示。整理侧缝，如图2-4-24所示。在裙子和上衣的接缝处将上衣腰线打剪口，将缝头清剪并扣净，如图2-4-25所示。

　　5. 服装整体塑造

　　（1）裙子造型整体比例协调。在准备裙子面料时，双暗裥褶的用量一般为10cm一个，这和面料的硬挺度有关，面料硬挺时，量可以适当加大。同时和面料硬挺度有关的还有两层灯笼褶的褶量，面料越硬挺，所需量越大。如果布料软，褶量过大，则会产生下垂现象。裙子的长度设计与灯笼褶大小的造型设计要协调，以灯笼褶占总裙长的四分之一为宜。

（2）灯笼褶皱的制作

第一步：确定双暗裥褶的用量，折叠双暗裥褶并用大头针固定。确定灯笼部分布料所用长度，用大头针做标记，加以固定。

第二步：将面料放置在人台上，腰围线以上留好操作量。用手左右均匀地将灯笼褶的量托起并固定。在固定过程中，双暗裥褶的折线始终保持与地面垂直。

第三步：依照双暗裥褶的起伏，将灯笼褶整理成波浪形。

四、完成效果

本款婚礼服的最后完成效果如图2-4-26，图2-4-27所示。

图2-4-26　正面效果

图2-4-27　背面效果

第二章

婚礼服的设计
与立体造型

小结　本节主要讲解廓型设计在婚礼服中的运用，以及婚礼服款式的整体协调把握，面料质地和造型之间的协调关系等。主要的技术难点是褶皱立体感的塑造，整体造型的协调把握。

训练项目　按照所讲婚礼服的款式及立体裁剪制作方法，设计一款灯笼褶皱的婚礼服，用坯布完成立体造型。

要求：（1）款式表达准确、完整。

（2）立体裁剪技法准确、熟练。

（3）制作样衣。

第五节　附加装饰造型婚礼服

图2-5-1　效果图

一、款式分析

款式构成：此款礼服主要采用缠绕造型法、附加造型法、折叠造型法完成造型设计。胸部造型采用缠绕式造型，腰部采用折叠式造型，裙片表面采用椭圆形折叠片进行装饰，后片采用蝴蝶结装饰，形成前后上下线条的对比，产生密集与疏松的变化，从而使礼服款式形成变化节奏感，如图2-5-1所示。

色彩构成：本款式采用纯白色为主色调，体现礼服的高贵典雅气质，配饰部分采用橘红色点缀，使礼服在高贵中产生生气与活泼。

细节构成：本款式采用抽缩式花瓣装饰物点缀裙身，使礼服具有细腻变化。后腰围点缀蝴蝶结使礼服浪漫优雅。

面料构成：本款式采用具有光泽的白色雪纺软缎，或仿丝绸类面料制作。面料要求有光泽，质地软，垂性好。

二、立体裁剪操作分析

1. 本款式的主要知识点

（1）礼服长短变化的设计。

（2）各种线形的使用。

（3）各类造型手法的综合运用。

2. 本款式的主要技能点

（1）折叠法、缠绕法、抽缩法、附加法的操作技巧。

（2）整体造型节奏感地把握与协调。

3. 礼服规格设计

部位	胸围	腰围	臀围	裙长	腰饰宽	后拖摆长
尺寸（单位：cm）	88	68	94	65	15	160

三、主要操作步骤

1. 胸部缠绕部分的制作

第一步：取180cm长、60cm宽直纱面料，将取好面料按4cm褶量折叠好形成长条，并将折好的长条对折固定在人台颈部，如图2-5-2所示。

第二步：将人台上的布片交叉，调整好褶间距，如图2-5-3所示。

第三步：将布片交叠后包缠在胸部，调整好褶的造型，并同时将布片拉紧向背下部缠绕，如图2-5-4所示。

第四步：将缠绕到背下部的布料调整好褶的纹理，并在后腰围以上20cm处开始固定直到腰围线，固定后将多余布料剪掉，调整布片接缝，如图2-5-5所示。

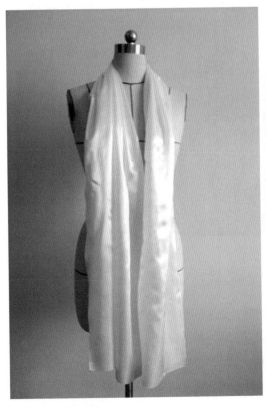

图2-5-2　取面料固定在人台颈部

图2-5-3　调整好褶间距

第二章
婚礼服的设计
与立体造型

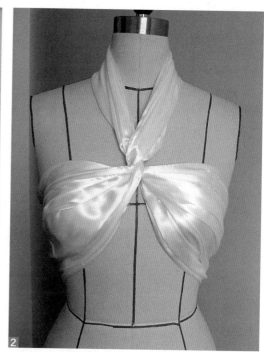

图2-5-4 调整褶的造型

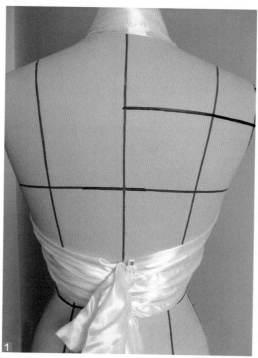
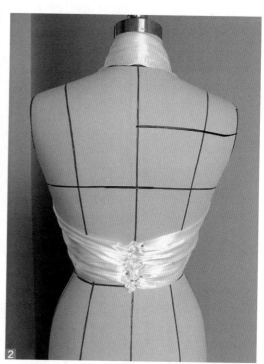

图2-5-5 调整布片接缝

2. 前裙片的制作

第一步：取直纱面料根据规格裙长截取面料，画臀围线、腰围线、前中心线，并将布片对准人台的模具标准线固定，将布片臀围线与人台臀围线持平，在臀围处放松1cm松量。

第二步：将腰围省道量向两边侧缝处转移2cm左右的量，其余部分在腰间作省，省道根部在左右公主线处，省长12cm，省外沿线垂直于腰围线。将裙摆围边折好，完成裙前片的制作，如图2-5-6所示。

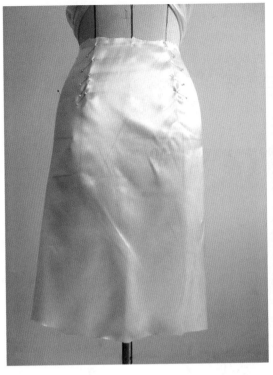

图2-5-6　前裙片制作

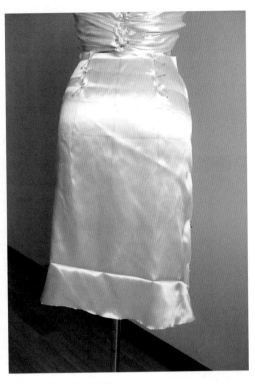

图2-5-7　后裙片制作

3. 裙后片的制作

第一步：根据规格取裙后片面料，取直纱面料根据规格裙长截取面料，画臀围线、腰围线、后中心线，并将布片对准人台的模具标准线固定，将布片臀围线与人台臀围线持平，在臀围处两边各放松1cm松量。

第二步：将腰围省道量向两边侧缝处转移2.5cm左右的量，其余部分在腰间作省，省道根部在左右公主线处，省长13cm，省外沿线垂直于腰围线。将裙摆围边折好，完成裙后片的制作，并将左右侧缝与前片折合，如图2-5-7所示。

4. 裙前片装饰物的制作

第一步：取边长为30cm的正方形布料，将布料对折后剪成圆形，并将圆形对折，沿其半周长双层抽缩，抽缩的针脚间距为1cm，抽缩后布片形成花瓣形装饰片。按照同样的方法制作20片装饰片，其中5片圆直径为30cm，5片圆直径为26cm，5片圆直径为22cm，5片圆直径为18cm，如图2-5-8所示。

图2-5-8　装饰物的制作

第二步：固定装饰片。将做好的装饰片按大的在上小的在下的形式固定在裙前片上。第一排固定在腰围线下3cm处，第一排距第二排10cm，每排间距按等差递减的方式排列，下排装饰物个数等于上排装饰物个数减1，形成斜线变化，如图2-5-9所示。

　　第三步：装饰物的肌理变化处理。　将已固定好的装饰物底端的双层部分前后打开向上堆积，形成层叠的自由肌理结构，并固定，如图2-5-10所示。

图2-5-9　固定装饰物

图2-5-10　装饰物的肌理变化处理

5. 腰饰的制作

第一步：取长为350cm、宽为100cm的长方形面料，将长方形面料的长度取中间100cm部分有规律地折叠成偏倒褶，褶量为5cm，折叠后的宽度为20cm，如图2-5-11（1）所示。

第二步：将折好的布片由前腰围向后固定在人台上，将有褶部分横向折叠30cm，固定在后腰围中心线处，左右用相同的方法制作，如图2-5-11（2）所示。

第三步：调整后腰饰造型。将折叠部分上下打开形成蝴蝶结造型，其余面料自然下垂，形成裙裾。把裙裾两侧沿侧缝向上提起，形成弧线形造型并在侧缝与腰围的交接点处将面料固定，整理裙裾，将裙裾剪成圆弧形，展开，此步骤完成，如图2-5-12所示。

图2-5-11　腰饰制作

图2-5-12　调整腰饰造型

四、完成效果

本款式的最后完成效果如图2-5-13所示。

图2-5-13　完成效果

小结　　本节主要讲解婚礼服缠绕法、抽缩法、折叠法、附加法的综合运用，重点在于礼服线的变化塑造，难点是礼服各部分造型平衡的处理。

训练项目　　借鉴所讲婚礼服的款式特征及立体裁剪制作方法，自主设计一款婚礼服，综合运用各种造型方法选用相应坯布制作一款婚礼服。

要求：（1）款式表达准确、完整、有创新。

（2）熟练使用立体裁剪技法。

（3）制作坯布样衣。

CHAPTER 3

第三章　晚礼服的设计
与立体造型

第一节　晚礼服的设计原理

　　晚礼服也称晚装，一般是指晚间出席正规晚宴、戏剧、听音乐会或是参加大型舞会、晚间婚礼等场合时所穿着的正式礼服。夜间礼服的款式多且简洁，以袒胸露背、裸肩无袖的连衣式长裙最为常见，常配以斜裁叠褶、打结造花、抽皱悬垂等形式营造出高雅不凡的气质。晚礼服选料高档，色彩高雅，再配以相应的花卉纹案以及各种珍珠、宝石、刺绣、水晶、人工钻石等装饰，体现出特有的雍容与奢华。现在晚装已成为现代人社交礼仪不可缺少的一部分，礼服生活化也是礼服发展的一种趋势，因此现在的晚礼服款式也丰富起来，传统古典式、个性妩媚式、简洁现代式等成为流行的主流，特别是适合各种场合穿着的生活装化的礼服深受消费者喜爱。

　　晚装产生于18～19世纪法国奢靡的上流社会社交场合，作为晚间社交活动的奢华服饰，由于晚装能很好地衬托女性魅力，在当时的巴黎社交圈逐渐流行起来。19世纪涌现出了一批专为社会名流或交际女性设计服装的设计师，他们将礼服推到了一个新的高度。受西方文化的影响，在中国的20世纪30～40年代晚装在上海等时髦的大城市的社交场所出现，到80～90年代随着服装业的发展，晚装得到进一步推广。现在晚装已成为都市人生活服饰的一部分，城市生活方式的改变已赋予了晚装新的内容和意义，设计师们也根据每年服饰流行及人文文化的改变将晚装不断推陈出新，设计出适合东方人体形与气质的晚装。

一、晚礼服的造型设计

1. 晚装的整体造型

　　现在的晚装造型已向多元化发展，造型也多种多样，娇柔浪漫、端庄优雅、妩媚个性的晚装造型使晚装设计形式越来越丰富。晚礼服从整体造型上一般可分为传统晚礼服和现代晚礼服两种。

　　（1）传统晚礼服：传统晚礼服，如图3-1-1所示，多以收腰的合体长裙为主，其造型重点主要在其肩、背和胸的部位，如低胸、后露背或露肩、臂等，其裸露的程度视不同的环境而定。传统的晚装常常以华丽、高雅为主要特征，造型上常常采用折叠、肌理、充垫等形式使晚装更具艺术感。主要的造型方式有：披挂式、层叠式、直筒式、缠绕式（具体在第二章第一节已做讲解）等。

　　（2）现代晚礼服：随着经济的发展与社交活动的频繁，晚装已逐渐生活化。现在的晚装造型已不再拘泥于传统的模式，如一件精致的吊带背心加百褶裙就可以成为晚装，因此为了迎合人们的审美变化，晚装造型越来越简洁，在生活装的基础上加入一些晚装的设计元素就形成现代晚装的主要设计特点。另外现代晚装设计也可融合传统晚礼服及中国旗袍的特点古今结合、中西结合进行设计，如图3-1-2所示。

　　（3）现代晚装中的舞会礼服：舞会服是晚装的一种，主要是参加联谊舞会或迪厅娱乐

图3-1-1　传统晚礼服

图3-1-2　现代晚礼服

图3-1-3　个性的舞会礼服

时所穿的服装。这类礼服可根据舞会的类型去设计，如传统交际舞会礼服要求优雅飘逸，造型上多以紧身的x廓型为主，主要以有宽大的裙摆的长裙为主，色彩亮丽，装饰上多采用刺绣、绢花、羽毛、闪亮珠片、皮草等方式；动感活泼的现代舞会则要求礼服个性妖媚，造型上不拘泥于传统的模式，既可以是超短褶裙，又可以是灯笼裙等造型，还可以融合一些现代流行生活服饰的设计元素体现造型的个性与时尚，如图3-1-3所示。

2. 晚装的局部造型

　　丰富的局部造型是晚装的特色，在晚装设计中局部造型会影响整体设计的成败，左右着整体设计的风格。晚装的局部造型包括领型、袖型、胸部造型、背部造型、裙型等。

　　（1）领型：晚装的领型主要以无领式领型为主，如吊带型领、交领、落肩领、无肩领等，有时也结合变化型立领、翻领、褶领等进行设计，总之可根据礼服具体的风格设计相应的领型，如图3-1-4至图3-1-7所示。

　　（2）袖型：晚装中的袖型多以无袖设计或变化型的袖型为主，如夸张的泡泡袖、褶袖、荷叶袖、喇叭袖、灯笼袖、连体袖等，如图3-1-8至图3-1-10所示。

　　（3）胸部造型：胸部造型是晚装设计的重点，胸部的造型与装饰最

图3-1-4　吊带式领型

图3-1-5 落肩式领型

图3-1-6 变化型连立领 蔡美月作品

图3-1-7 变化型翻领

图3-1-8 喇叭袖礼服

图3-1-9 灯笼袖礼服

图3-1-10 泡泡袖礼服

能体现晚装特色。一般采用的造型手法有堆积褶皱、压皱、镂空、分割、立体绢花等手法，如图3-1-11，图3-1-12所示。

（4）背部造型：背部造型是晚装突出女性魅力的重要结构，现在流行晚装的背部造型主要以简洁为主，简单的背部造型更能突出礼服整体造型的节奏。晚装的背部造型主要形式有：开到腰线的V型、U型、披肩型、吊带型、交叉穿带型等，如图3-1-13，图3-1-14所示。

图3-1-11　抽褶的胸部造型

图3-1-12　绢花和羽毛装饰的胸部造型

图3-1-13　交叉式背部造型

图3-1-14　褶装饰的U型背部造型

二、晚礼服的设计风格

（1）浪漫可爱风格：浪漫风格的晚装常采用纱质类面料，突出朦胧梦幻的意境；造型上常采用缠绕围裹等方式形成自然飘逸外形；装饰常采用绢花、刺绣等方式；色彩常采用柔和的白色、粉色、浅蓝色、浅紫色等浅色。

（2）高贵成熟风格：高贵成熟风格晚装常采用有光泽感的丝绸、蕾丝等面料，突出华贵感；造型常采用x型突出女性优雅体态；装饰常选用钉珠、刺绣等方式突出礼服价值；色彩常选用黑色、紫色、黄色等华丽色彩。

（3）古典端庄风格：古典端庄风格晚装常采用金丝绒、锦缎、雪纺等面料，突出礼服的优雅与含蓄；造型上常采用折叠、绣缀等方法，突出礼服的艺术气质；装饰常采用刺绣、钉珠、绢花等方式；色彩常采用黑色、深蓝色、大红色等传统色彩。

（4）妩媚个性风格：妩媚个性风格晚装常采用蕾丝、闪光网眼纱、压塑面料、皮革、皮草等面料，体现礼服的性感与个性；造型常采用折叠、堆积、抽缩等方法；装饰常采用镂空、钉珠、钢钉、祥带等装饰；色彩常采用黑色、白色、金色、银色等色彩。

（5）夸张前卫风格：夸张风格的晚装常采用牛仔、皮革、皮草、针织、纱质类、有金属质感的压塑类等面料，注重面料的创造性搭配及面料的肌理再造，造型设计奇异夸张；装饰常采用羽毛、钢钉、贝壳、玉石、金属链条等装饰物；色彩不拘泥于任何束缚，大胆夸张。

三、晚礼服的装饰设计

晚礼服不但雅致秀美，而且常讲究价值的体现，价值昂贵的晚装常镶嵌珍珠、钻石、金银线等，从而彰显穿着者的高贵。现在晚礼服常用的装饰手法有：刺绣（丝线绣、盘金绣、贴布绣、镂空绣）、褶皱、钉珠（玉石、钻石、珍珠、亮片等）、绢花、盘丝、面料肌理塑造等。不同的晚礼服可根据款式要求及整体风格选用相应的装饰。如浪漫风格的礼服可选用绢花及面料肌理图案装饰以增加礼服的艺术性。

传统的晚礼服款式强调女性窈窕的腰肢，夸张臀部以下裙子的重量感，肩、胸、臀的充分展露，为华丽的首饰留下表现空间。如：低领口设计，以装饰感强的设计来突出高贵优雅，会采用镶嵌、刺绣、领部细褶、花边、蝴蝶结、玫瑰等作装饰，如图3-1-15所示，给人以古典、正统的服饰印象。

晚礼服的装饰设计手法多种多样，常用的装饰设计手法有绣花、镶、嵌、滚、荡、盘等。例如：可在礼服的表面直接钉缀各种装饰物，如：珠子、亮片、蕾丝花边或其他的装饰材料，如图3-1-16所示；也可在礼服的局部滚、盘某些装饰物。

晚装的装饰部位一般多选颈、胸、肩、袖、腰部，其次是裙摆、门襟、袖口等处，如图3-1-17，图3-1-18所示。晚装的装饰应在不妨碍整体效果的前提下，突出重点增强面料的生动感与华丽感，更好地体现礼服的风格。

图3-1-15 立体刺绣装饰设计礼服

图3-1-16 胸部镶钻花型装饰设计

图3-1-17　珠绣装饰晚礼服

图3-1-18　亮片装饰设计（John　Galliano设计作品）

图3-1-19　蔡美月作品1

图3-1-20　蔡美月作品2

四、晚礼服的面料设计

晚装的面料设计主要从质地、垂性、光泽、色彩、图案及幅宽等几个方面考虑。常用的有真丝、蕾丝、雪纺绸、金银压塑面料、绉纱等面料。比较现代前卫的款式还可以选择真皮、牛仔、皮草以及一些高科技材料。

晚礼服是晚上穿用的正式礼服，是女士礼服中最高档次、最具特色、充分展示个性的礼服样式。它又称夜礼服、晚宴服、舞会服。因为晚礼服以夜晚交际为目的，为迎合夜晚奢华、热烈的气氛，选用的多是丝光、闪光缎等一些华丽、飘逸、高贵并具有光泽感的材料，如图3-1-19，图3-1-20所示。例如：天然的真丝绸、天鹅绒、锦缎、透孔蕾丝、绉纱、塔夫绸、欧根纱、合成纤维及一些新的高科技材料。用这些有光泽感的材料设计的晚礼服，会透过闪光材料耀眼、浪漫的风格，展示出人着装之后光彩照人、华贵亮丽的韵味，充分体现晚礼服的雍容与奢华。此外，素色的、有底纹的、小花纹的材料也常常被应用。款式多是袒胸露背、裸肩无袖的连衣式长裙，通常用斜裁叠褶、扎系大结花、抽皱悬垂等形式改变材料表面的肌理效果，以此来营造高贵华丽的感觉，表现女性特有的魅力。根据不同场合、不同目的、不同环境，晚礼服会有不同的造型。

晚礼服材料的设计方法也很多，常见的有：第一，在原有材料的基础之上通过各种设计方法（缀、挂、贴、缝、绣等），使其产生肌理的变化，形成一种新的有立体视觉效果的材料；第二，在原有材料的基础之上通过捏褶、堆叠、镂空等设计方法，使材料表面具有立体感，如图3-1-21，图3-1-22所示。

五、晚礼服的色彩设计

晚礼服是礼服中最具有时尚感的服装，它的色彩当然也是最丰富、最具有变化的。由于晚礼服大多出现的场合较为正式，所以色彩搭配也相当讲究。

1. 晚礼服色彩设计

晚礼服的色彩设计可以从两个方面考虑，一是从着装者的个人因素出发进行设计；其次在不确定着装者的情况下，可以依据晚礼服的其他构成因素来进行色彩的设计。

大多穿着晚礼服的人都希望自己能够引人注目。所以色彩设计就成为晚礼服中最为关键的一点。一般有条件的穿着者可以单独聘请设计师根据自己的身形、肤色、气质、流行及爱好等因素综合分析，制作出最适合自己、在秀场上最耀眼的服饰。

晚礼服的色彩选择还要考虑服饰造型、服饰配饰、面料质地、面料装饰纹样等有关方面的协调性。常见的晚礼服色彩有黑、白、灰、红等，尤其是黑色备受大家推崇。

（1）色彩设计的造型因素：晚礼服色彩设计要与造型因素相结合，恰当的色彩选用可以使造型设计更加突出。如：突出女性窈窕身姿的晚礼服造型，可以选用深蓝色、深紫色、黑色等深色具有收缩效果的色彩系列，突出设计特色。夸张胸、肩等局部造型的晚礼服可在需要夸张的造型部分使用具有张扬感的亮丽色彩，使造型更加突出。总之，如果颜色与造型配合默契，相得益彰，会使设计更胜一筹。

（2）色彩设计的装饰因素：在注重装饰的现代设计中，礼服饰品中的那一抹亮色，也成为整体色彩设计中不可忽视的因素。近几年，具有奢华风格的饰品成为服装设计的新宠儿，晚礼服也不例外。为了体现华丽、高贵的感

图3-1-21 晚礼服的钉珠面料设计（John Galliano设计作品）

图3-1-22 堆叠、褶皱材料肌理

觉大多晚礼服都配有金银色的饰品，更有配合钻石、珍珠、翡翠等名贵饰物的，这样的色彩无论放到哪里都是最炫目的。还要强调的一点是，在饰品的设计及选用中切不可处处是重点、处处放光芒，这样作为着装者这个因素就会被忽视，也会显得庸俗。设计一定要收放自如，为观者留下视觉放松的空间，饰品色终究是为整体色彩设计服务。作为服饰配饰作用的首饰，无论其质地如何、价格如何、珍贵程度如何，如果不能起到衬托容貌及服饰的审美作用便失去了佩戴的真正价值。一般讲，饰品的面积小，但材质、造型、色彩都很丰富，它在服饰色彩设计中可以起到点缀、强调、连贯、补充、分割及加强视觉效果和艺术效果的作用，如图3-1-23所示。

（3）色彩设计的材质因素：晚礼服材质可以分为天然纤维和化学纤维，决定面料色彩的因素是由纱支、肌理、织物、色彩、图案等组成的。同样的色彩染在不同质地的面料上，会呈现不同的色彩效果，丝绸面料对色彩的吸收率、反射率很高，面料的色彩会非常鲜艳，设计成晚礼服会增加其华丽感。而棉布就没有丝绸反射效果好，麻质的面料反射效果更弱。而且，光滑的质地浓淡相差较大，不光滑的质地，浓淡相差较小，但却彰显个性。丝绸和丝绒相比，丝绸反射率更强烈，且亮部与暗部的色彩明暗浓淡给人的感觉差距较大，丝绒反射的浓淡差别则小。在设计中即使用一种颜色但是如果丰富了织物的种类、质感，色彩就会变得富有层次感。另外，面料的质地也要和色彩相互依存，面料的材质是直接体现色彩性格的关键。同样，色彩既可以充分表达材料的材质美，也会掩盖抹杀材质的特性，应用时要谨慎。

（4）色彩设计的纹样因素：在礼服色彩设计中，装饰纹样色彩是一个不容忽视的因素，纹样色彩可以起到点缀礼服整体效果的作用。如礼服整体选择黑色，局部采用金色刺绣纹样点缀，会使礼服奢华、优雅。礼服面料的纹样选用也应与整体色彩设计相结合，如：礼服整体运用色块分割设计，部分色块选择带有纹样装饰的面料，这部分面料的纹样颜色要与整体色彩相协调，起到点缀作用，但面积不宜过大，否则会使整体效果显得凌乱。因此在选用面料花纹和色彩时要看穿着后的整体效果，巧妙地利用纹样色彩，会使礼服设计绚丽多姿。

图3-1-23　John Galliano作品

2. 晚礼服色彩设计范例欣赏

如图3-1-24所示，是由有彩色系和无彩色系相呼应构成的一款礼服，花纹面料多色，有热烈兴奋视觉效果。裙摆虽然很大，但由于选用了明度高的白色作为主色，所以整体感觉轻快、优雅。

如图3-1-25所示，礼服作品中，选用了纯度较高的色彩，在腰部选用了金色的花纹面料，使得四周这些绚烂的色彩在腰部得到了融合，成为了一体。着装者的肤色更是加强了服装的层次感，突出和强调了服装本身。由此可以看出一件服装的色彩是为整体设计服务的，无论是主色、配色还是点缀色，甚至是肤色都要成为一个有机的整体。

图3-1-24　Basso & Brooke作品1

图3-1-25　Basso & Brooke作品2　　　　图3-1-26　　RENNY作品

六、晚礼服的整体搭配设计

晚礼服是晚上参加宴会或舞会等场合穿着的服装，是女士礼服中最能表现自我的一种款式。它常与披肩、外套、斗篷之类的服装及华美的装饰手套等相搭配，共同构成整体的装束效果。

通常情况下，晚礼服的色彩是黑、白、灰与其他色彩的搭配。作为无彩色系的黑、白、灰，无论它们与哪一种颜色搭配，都不会出现太大的问题。例如：同一个色与白色搭配时，会显得明亮一些；与黑色搭配时就会显得昏暗一些。因此在进行晚礼服的色彩搭配时，应该首先衡量一下，你是为了突出衣饰哪个部分。不要把太重的色彩，如深褐色、深紫色等与黑色搭配，这样会和黑色出现"抢色"的后果，令整套服装显得没有重点，而且灰暗。同时注意相近的色彩搭配起来，易收到调和的效果。例如深红与浅红、深绿与浅绿、深灰与浅灰、红与黄、橙与黄等色的搭配，可以产生一种和谐、自然的色彩美。

服装给人的第一印象是色彩，人们经常会根据配色是否得当来决定对服装的取舍。用于晚礼服的服饰色彩不但要考虑服装本身色彩的搭配，更重要的是还要考虑人体的肤色，如图3-1-26所示。每个人都拥有与生俱来的肤色，服装是穿在自己的身上，绝不是配在白色或黑色的模特架上。因此必须考虑晚礼服颜色是否与穿着者的肤色搭配，否则穿在身上不但不会美化穿着者，反而会破坏其气质与品位。如肤色较深的人适合一些茶褐色系的色彩；皮肤偏黄的人宜穿蓝色调服装，强烈的黄色系如褐色、橘红色等最好能不穿则不穿，

图3-1-27　Linea Raffaelli作品

图3-1-28　晚礼服的整体搭配

以免令面色显得更加暗黄无光彩。

　　鞋子的选择对晚礼服也十分重要，具有光泽感、装饰性强的高跟鞋是晚礼服的最好搭档。在鞋子的搭配上，如果是长礼服，最好是让礼服微微盖过鞋子，露出一点鞋面，这样会让整个人显得高挑，因为增加身体高度后，人的体重会被增加的高度分散一些，姿态会变得更加婀娜多姿，身材看起来会显得更加苗条。

　　除考虑色彩之外，晚礼服的整体搭配设计还要考虑到服饰品。如轻便小巧的包，最适合用来搭配晚礼服。随意地握在手里或挂在手腕上，显得既高贵又华丽。搭配晚礼服的包一般都精巧雅致，多选用漆皮、软革、丝绒、金银丝等混纺材料，用镶嵌、绣、编等工艺结合制作而成，华丽、浪漫、精巧、雅观是晚礼服用包的共同特点。此外晚礼服的整体搭配设计还得考虑首饰的搭配问题，如耳环、戒指、项链等，如图3-1-27，图3-1-28所示。

七、晚礼服作品赏析

　　图3-1-29 Armani作品，中国风晚礼服，在材料上多用丝绸及反光感极强的面料，再加上水墨花卉图案的印花和精致的头饰使礼服精致婉约。

　　图3-1-30 Zuhair Murad设计作品，这两件是根据中式旗袍改良的小礼服，同时借鉴了带有标志性的中式建筑图案和工笔画中的梅。其造型简洁，具有浓郁的中国风。

　　图3-1-31 Tony Ward设计作品，抹胸及深V字的领型设计性感迷人，长及拖地的裙

图3-1-29　Armani作品

图3-1-30　Zuhair Murad设计作品

图3-1-31　Tony Ward设计作品

摆线条流畅，整体造型紧身合体，缠绕式造型设计使礼服古典大气，犹如希腊女神。

图3-1-32 Krikor Jabotian设计作品，流线层叠的领型、柔美的裙摆，上下呼应。双层透叠面料衬托出女性的柔美、性感，又不失含蓄与高雅。

图3-1-33 Marchesa Resort 设计作品，及膝的小晚装性感迷人，腰部及裙摆的花卉造型线条流畅具有动感，成为这两款礼服的设计亮点。

图3-1-32　Krikor Jabotian设计作品

图3-1-33　Marchesa Resort 设计作品

小结　　本节主要讲解了晚礼服的造型、风格、面料、装饰、色彩、整体搭配等设计理论知识点，是晚礼服设计的理论依据。

图3-2-1　效果图

训练项目　　自拟品牌，进行品牌定位，并为该品牌设计开发一系列晚礼服。

要求：（1）定位明确，风格突出。

（2）款式表达准确、完整、有创新。

（3）制作所设计款式的立体版型。

第二节　肌理造型晚礼服

一、款式分析

款式构成：此款礼服上下形成不同的肌理对比，礼服前胸有自由堆积褶的肌理变化。礼服裙装下摆有弧形自由褶饰片，使礼服充满动感，突出个性，如图3-2-1所示。

色彩构成：色彩使用蓝色做主调，橘红色做点缀色，体现礼服的浪漫风格。

细节构成：礼服胸部堆积部分形成的密集褶与裙摆的曲线装饰片形成对比，使礼服具有节奏变化。

面料构成：本款礼服采用有光泽感的雪纺绸或采用真丝缎类面料。

二、礼服立体裁剪操作分析

1. 本款礼服立体裁剪的主要知识点

（1）关于礼服面料肌理变化的制作方法。

（2）礼服整体造型的协调。

（3）礼服造型节奏感的处理。

2. 本款礼服立体裁剪的主要技能点

（1）前胸肌理的塑造。

（2）裙片的制作。

（3）裙摆的制作。

3. 本款礼服立体裁剪的材料准备

（1）立体裁剪基本工具：尺子、大头针、针插、记号笔、剪刀等。

（2）坯布准备：与本款礼服面料相近的坯布，如涤纶绸、里子布等。

4. 礼服立体裁剪制作规格表

名称	总裙长	胸围	腰围	臀围	上衣片长	下裙片长
尺寸（单位：cm）	100	88	68	98	26	74

三、本款礼服立体裁剪的主要步骤

1. 前胸片的制作步骤

第一步：做前胸褶饰底布。根据效果图在前胸围需要做堆积肌理部分做标记，上C点，胸围上10cm处。下D点，腰围线与前中心线的交点。左右AB两点，公主线与上端线交点向外5cm。

第二步：依据确定好的形状剪取一块直纱布料，并在布料上画前中心线、胸围线，将布片前中心线对准人台的前中心线，胸围线对准人台的胸围线固定，如图3-2-2所示。

2. 做胸部褶饰

第一步：取直纱面料沿做好底部布片上端折平行褶，褶量为5cm一个，如图3-2-3

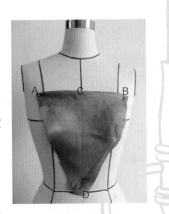

图3-2-2　做底布

图3-2-3 胸部褶饰的制作

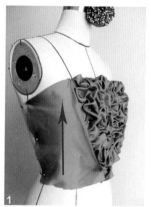

图3-2-4 胸部侧片

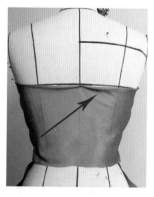

图3-2-5 后胸片的制作　图3-2-6 裙前片

（1）所示。

第二步：将褶沿褶的底部拉开并向上推挤，形成凹凸变化，并边做边用大头针固定，如图3-2-3（2）所示。

第三步：根据已做好的底布形状做外部肌理形状，如图3-2-3（3）所示。

第四步：根据底部外形将表层肌理部分多余面料剪掉，形成装饰部分外形，如图3-2-3（4）所示。

3. 做胸部两侧接片

第一步：根据效果，用直纱面料取出接片外形并画出胸、腰围线，将布片固定在人台上，如图3-2-4（1）所示。

第二步：用同样的方法制作左片，如图3-2-4（2）所示。

4. 后胸片的制作步骤

第一步：取45°斜纱面料制作后胸片，后胸片上端与胸围线平齐，两端与前片相接，中间与腰围线平齐。画后中线并将布片固定在人台上，如图3-2-5所示。

第二步：将后胸片向两边推平并与前片相折合。

5. 裙前片的制作步骤

取45°斜纱面料，根据效果图裙长截取面料，画出前中心线、臀围线、腰围线并将布片固定在人台上，将裙片腰部推平不留省道，臀围部分留取1cm松量推平，如图3-2-6所示。

6. 裙后片的制作步骤

第一步：制作裙后片。做法与前裙片相同，注意臀围两侧侧缝处留取少许吃量，如图3-2-7所示。

第二步：合左右侧缝。

7. 裙摆装饰物的制作步骤

第一步：制作裙片装饰部分。裙片装饰部分是由若干片弧形装饰片组成，弧形装饰片长短成等差渐短趋势，形成节奏感。

弧形装饰片具体的制作方法是：将方形布片多层对折呈三角形，然后将三角形边缘成圆弧形剪开，打开三角形就形成多个圆形，然后再将圆形的任何一段剪开并修成弧形，如图3-2-8所示。

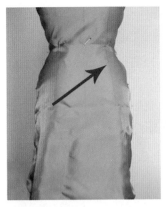

图3-2-7 裙后片

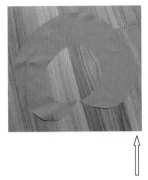

图3-2-8 装饰片的制作

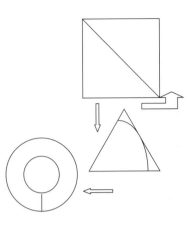

图3-2-9 固定装饰物

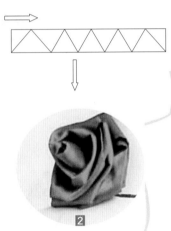

图3-2-10 颈部绢花的制作

第二步：从左侧侧缝与腰围线交点处下量10cm固定第一片装饰片，依次等距离下降固定装饰片，形成装饰效果。下摆按照中间长两边短的原则处理，形成节奏感，如图3-2-9所示。

8. 制作颈部绢花

取70cm长、10cm宽的布条，反面烫压纸粘合衬。将长布条翻折成玫瑰花状，放在颈部左侧装饰，如图3-2-10所示。

四、完成效果

本款礼服最后完成效果如图3-2-11所示，展开图与样板，如图3-2-12所示。

小结　本章主要讲解肌理造型晚礼服的整体立体裁剪造型能力，及面料肌理的塑造，要求能够根据所讲礼服立体裁剪方法自由运用到其他礼服的立体裁剪中去。善于运用多种装饰手段进行礼服造型，合理利用工艺手段，准确拓取样板，正确标识样板。

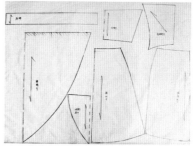

图3-2-11　完成效果

图3-2-12　展开图与样板

图3-3-1　效果图

按照所讲晚装的款式及立体裁剪制作方法，用坯布制作一款晚装。

要求：（1）款式表达准确、完整。

　　　（2）立体裁剪技法准确、熟练。

　　　（3）准确拓取样板，正确标识样板。

　　　（4）制作样衣和1∶4样板。

第三节　褶饰造型晚礼服

一、款式分析

款式构成：此款礼服造型设计是从印度传统的帽子造型中获取灵感，展开联想进行设计的。上衣是在保证帽形的基础上捏合省缝形成合体的造型，腰部选用面料肌理改造完成的立体感较强的菱形布料，下身的裙子做成局部有堆积褶变化的拖地长裙。此款礼服主要采用了拼合造型方法，上衣、腰部、裙子三部分拼合在一起，寻求整体的协调感，如图3-3-1所示。

色彩构成：此款礼服主要采用明度对比较强的色彩搭配，主色为深棕色，淡金黄色为辅助色，淡草绿色为点缀色，形成和谐的色彩搭配。

细节构成：此款礼服比较强调细节。腰的部分主要是以格子状褶饰改造的面料，裙子采用堆褶的艺术构成手法，形成不同的疏密变化。让人在感觉裙子变化的同时，也留下了一定的联想空间。

面料构成：此款礼服主要选用深棕色有暗花纹的涤纶类面料，面料要求有一定硬挺度并有光泽感。辅料布料为淡黄色有金丝的丝绵面料，有亚光的效果。腰部的菱形拼块是用涤纶面料，要求有一定的柔软度，光泽要好，如图3-3-2所示。

图3-3-2　面料小样

二、立体裁剪操作分析

1. 本款式的主要知识点

（1）礼服面料的改造处理，将平面布片利用锁缝的方法变成褶皱肌理。

（2）礼服比例设计的应用，本款礼服利用三部分不同比例的色块形成跳跃的视觉效果。

（3）礼服整体造型的协调，礼服的长度设计，对称与均衡的协调设计。

（4）礼服饰物的添加。

2. 本款式的主要技能点

（1）上衣造型的合体性。

（2）腰部褶饰的制作要点。

（3）裙子褶饰的制作要点。

3. 礼服规格设计

部位	总裙长	胸围	腰围	臀围
尺寸（单位：cm）	224	88	68	94

三、主要制作步骤

1. 腰部菱形拼片的操作步骤

第一步：确定腰部菱形拼片的大小及位置。在左右两个胸部分别固定好胸垫。把前中心线与胸围线的交点作为腰部菱形拼片的最高点A点，从前中心线与腰线的交点向下量取17cm为菱形拼片的最低点。左右两点均在腰线与侧缝线的交点，如图3-3-3所示。

第二步：腰部褶饰的制作。准备边长60cm的方形布料，在这块布料的反面中间的位置画出边长为44cm的正方形，将这个正方形横竖各分成22等份，画出横竖网格。在网格上按规律画出八字的连线，如图3-3-4所示。将每一个小方格对角线顶端和尾端的点缝合在一起组成一个新的点，将每一个新的点串缝到一起，这些新点之间的固定距离为1.5cm，

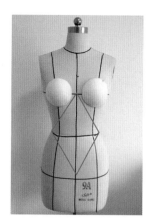

图3-3-3 确定位置

图3-3-4 褶皱缝痕规律

图3-3-5 抽缩后的肌理效果

图3-3-6 装饰效果

如图3-3-5所示。

第三步：将做好的菱形拼片固定在人台相应的位置上，四边留出缝合量，最终清剪剩1.5cm的缝合量，如图3-3-6所示。

2. 上衣的操作步骤

第一步：确定上衣的位置。作为晚礼服，为了衬托出女性的曲线美，先在人台上固定上胸垫（可以根据薄厚不同的需求来选择，形状一般选用椭圆或圆形）。把前中心线与胸围线的交点作为上衣的领口最低点A点，此点也是腰部菱形布料的最高点。左右分别形成丫杈形的省道，省尖指向胸高点。省的具体位置如图3-3-7所示。后身片在腰围线向下7cm形成弧形小下摆，左右侧缝的低端各有两个褶皱。

第二步：上衣的布料用量。上衣前片用料为双层布料，是以前中心为对称轴对折而成，所以不必考虑贴边。右边上衣用量为侧颈点向上3cm为起点，向下沿上衣前止口弧度量至侧缝与腰线的交点，再追加5cm的预放量作为布料的长度。宽度是在胸围线上量取前中心线到侧缝线的长度，再追加15cm的预放量。这其中包括1cm的搭门量。因为是对称款式，所以左右两个前片的准备方法一样。后身用料也是双层布料，以连领的外围线为对称轴，对折而成。布料长度为从侧颈点向上7cm为起点，沿后背弧度向下垂直量至腰围，再追加9cm的下摆弧度量。宽度在后背胸围线上量取，从左侧缝线到右侧缝线的长度，再左右各追加5cm的预放量。

第三步：身片的立裁。如图3-3-8所示，领子在肩部的宽度为4cm，到A点领子自然消失，将前身布料在侧颈点开大2cm的地方固定，保证胸围线以上的平伏，没有任何褶皱。在A点处预留1cm的搭门量，并用大头针固定。让门襟按设计的弧度弯曲，保证门襟和身体的伏贴，在胸部以下先捏B省，再捏C省，保证省的周围伏贴。将省固定好后就可以清剪袖窿，如图3-3-9所示。袖窿深度为大臂截面向下2.5cm，形状如图3-3-9所示。后身片折叠翻领宽为4cm，座领宽为3cm，将领子两端分别固定在左右侧颈点开大2cm的地方，与前领口折缝到一起，注意在操作时要保证后中心线是直纱。将肩胛骨以下多余的量各自转移到侧缝，使后片平伏。在腰线以下左右各捏两个活褶，使下摆形成自然的弧线形，如图3-3-10所示。

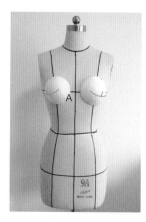

图3-3-7 确定上衣的位置

图3-3-8　确定省位

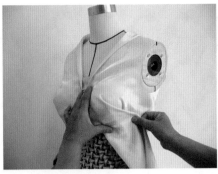

图3-3-9　确定袖隆

图3-3-10　裙褶方向

图3-3-11　褶

图3-3-12　堆积肌理

图3-3-13　背面图

3. 裙子的操作步骤

第一步：制作裙子前片。量取长为152cm、宽为130cm的长方形面料。将130cm的边作为腰线，向里折叠2cm作为缝量依照菱形下边缘线将布料固定，侧缝预留5cm预做量，在腰围线以下前中心线的左半部顺人台的弧度折4个褶皱。褶皱之间的距离为6cm，如图3-3-11所示。人台的右半部同样在侧缝预留5cm预做量，剩下的余量作为褶皱量，褶量水平均匀分布，从腰线向下逐渐加大褶量，形成一定的渐变效果。注意每掐合一个褶量都要将其固定牢固，如图3-3-12所示。

第二步：裙子后片的立裁。量取长为152cm、宽为130cm的长方形面料。过130cm的中点做裙子后片的中线，将此线与人台上的中线重合。从腰线向上5cm的位置固定面料，臀腰的差量分别推向左右侧缝。保证后片臀围线以上平伏，将腰围线以上多余的布料剪掉剩1cm缝头。整理侧缝，裙子呈A字型，前后片在侧缝处搭缝在一起，将侧缝多余的布料清剪，留1cm缝头，如图3-3-13所示。

4. 礼服饰物的制作

在前中心搭门处选用同色系的椭圆形装饰性扣子加以固定。为了整体的协调，可以选用同色系颈绳，作为装饰。饰扣和颈绳都是同种材质，分别包含上衣和裙子的颜色。它就像一条纽带贯穿了礼服的所有细节。

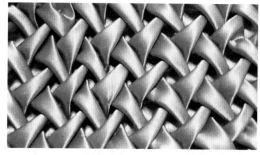

图3-3-14　正面

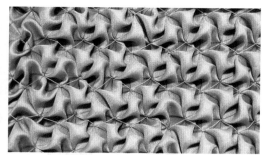

图3-3-15　反面

5. 本款式的主要技能点分析

（1）上衣造型的合体性。上衣无论是前片还是后片，都要求相当合体。前片的胸部造型靠丫杈形省来塑造。后片在领口和肩部均有少量的吃量，保证后片在没有省的情况下尽量合体。

（2）腰部褶饰的制作要点。褶饰的立体感很强，褶量一定要均匀，所以在划分格子的时候一定要尺寸标准，要横平竖直。固定两个缝合点时缝头尽量小，两三根纱就可以了，这样可以避免正面露出线迹，如图3-3-14，图3-3-15所示。

（3）裙子褶饰的制作。可以用大拇指、食指和中指捏住布料向上方推移，使布料形成褶皱。裙子的褶饰要从上至下一层一层地完成，靠近腰线的地方褶量小，向下褶量逐渐加大。褶不要太整齐，形成由密到疏的分布形式。

四、完成效果

本款礼服的最后完成效果如图3-3-16，图3-3-17所示。

图3-3-16　正视图

图3-3-17　背视图

本节礼服款式选用了典型的韩式小上衣配长款裙子，在细节中分别运用了平面褶皱和立体褶皱，两种褶皱同时出现在一款服装中，形成一定的趣味性。在操作时注重礼服款式的整体感，装饰的合理运用等。主要的技术难点是褶皱的塑造，整体造型的协调把握。

按照所讲礼服的款式及立体裁剪制作方法，用坯布制作一款礼服。

要求：（1）款式表达准确、完整。

（2）褶皱要运用适度。

（3）制作样衣。

第四节　绢花装饰造型晚礼服

一、款式分析

款式构成：此款礼服的造型设计是从欧洲18世纪初期的洛可可服装风格中获取灵感进行设计的。这是一款低胸的礼服，属于传统的钟形结构，上身较为合体，裙子膨起，为使裙子更有立体感，在裙子的里面加有裙撑。礼服的上身和下身均有花带装饰，裙子选用的花饰褶皱更是增加了裙子的甜美感。本款礼服整体给人的感觉是甜美轻快、精巧华丽，适合年轻活泼的女性穿着，如图3-4-1所示。

色彩构成：此款礼服主要采用三种色彩，主色为淡金黄色，白色为辅助色，闪金的棕色为点缀色，形成和谐的色彩搭配。这种色彩组合让人联想起奶油巧克力蛋糕，会使穿着者增加亲和力。

细节构成：此款礼服前胸部分主要以闪金的棕色饰带进行装饰，饰带的边缘用金丝锁缝，装饰使礼服上下相呼应，饰带的肌理变化增加了礼服的细节。

面料构成：此款礼服选用淡金黄色的丝棉面料，面料要求有一定光泽感和柔软度，不可过于硬挺，辅料为白色软缎，饰带是闪金的棕色薄纱，薄纱外边缘用金丝锁缝，要求薄纱要有一定的硬挺度，建议选用玻璃纱。

图3-4-1　效果图

二、立体裁剪操作分析

1. 本款式的主要知识点

（1）礼服整体造型比例协调，礼服的长度设计与点缀装饰设计的协调。

（2）礼服廓形设计的应用，本款礼服上身为紧身合体型，下身的裙撑能够满足裙子整体造型的需要，与上身形成反差的对比，以塑造出理想廓形。

（3）礼服面料的改造处理，将平面饰带旋扭成漩涡状花纹或不规则线状褶皱来改变原有的视觉效果。

2. 本款式的主要技能点

（1）裙子的花饰褶皱制作注意事项。

（2）旋扭成旋涡状花纹与不规则线状褶皱的制作。

3. 礼服规格设计

部位	总裙长	胸围	腰围	臀围
尺寸（单位：cm）	168	88	68	94

三、主要制作步骤

1. 礼服上身的立体裁剪

第一步：确定紧身上衣前片的位置及大小。由前中心点量下5.5cm找到A点，由腰围线与前中心线的交点量下5cm找到B点。A点到 B点的距离为布料的长度。沿胸围线量取，左侧缝线与胸围线的交点到右侧缝线与胸围线交点，左右各加放5cm，其长度为布料的宽度，如图3-4-2所示。

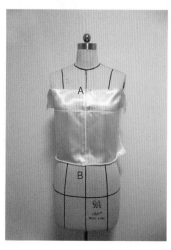

图3-4-2　确定前片的位置

第二步：紧身上衣前片的立体裁剪。在前片布料上按量取位置确定出前中心线和胸围线，让它们和人台上的相应位置重合，保持前中心线为直纱，将布料固定在人台上。将人台侧面贴合，保持布料平展并加以固定，如图3-4-3所示。在腰围线以下打剪口，如图3-4-4所示，在侧缝线以外腰部的位置适当打剪口，如图3-4-5所示，将多余的量在公主线上收省，如图3-4-6所示。左右操作方法一致，如图3-4-7所示。将紧身上衣的前片领口清剪成弧线形。在前中心线和胸围线的交点向上量取3.5cm找到C点，衣片上边缘与人台前宽位置的交点D点、E点分别与C点连顺弧线，将弧线以外多余的地方清剪掉，如图3-4-8所示。

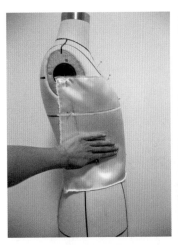
图3-4-3 紧身上衣前片的制作

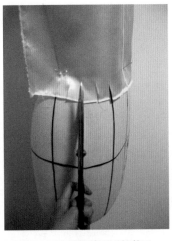
图3-4-4 在腰围线以下打剪口

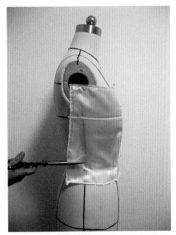
图3-4-5 打剪口

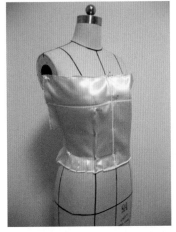
图3-4-6 收省

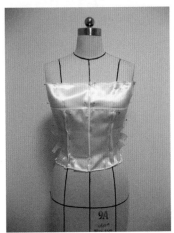
图3-4-7 对称收省

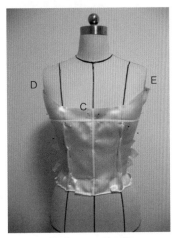
图3-4-8 确定上边沿线

　　依照人台手臂根部的形状，在人台的手臂根部向下量取2cm，确定礼服的袖窿，如图3-4-9所示。

　　第三步：确定紧身上衣后片的位置及大小。由后中心线与胸围线的交点向上量取5.5cm找到F点，过F点做后中心线的垂线。此线为后衣片的上边缘线。从后中心线与腰围线的交点向下量取5cm找到G点，F点到G点的长度为准备布料的长度。宽度在后片胸围线上量取，左侧缝线与胸围线的交点到右侧缝线与胸围线交点，左右各加放5cm，其长度为布料的宽度，如图3-4-10所示。

　　第四步：紧身上衣后片的立体裁剪。在后片布料上按量取位置确定出后中心线，让它与人台上的相应位置重合，保持后中心线为直纱，将布料固定在人台上。在保证后腋下位置的纱向垂直于地面并且要贴合人台，如图3-4-11所示，将布料固定，把后腰部多余的量收成后腰省。左右操作方法一致，如图3-4-12所示。

　　第五步：拓取裙子上衣的样板。在立裁好的前片和后片上用铅笔把关键点做出标记，例如：省的位置和大小，掐缝省缝的两侧都要做标记，如图3-4-13所示，腰围线的位置等，标记点用铅笔点来表示，如图3-4-14所示。

　　将做好标记点的身片从人台上取下来，如图3-4-15所示，把标记点连线。侧缝和省道

图3-4-9 确定袖窿

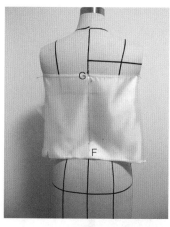

图3-4-10 确定后片的长度和宽度

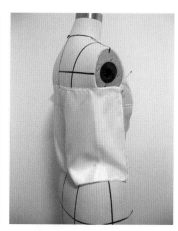

图3-4-11 确定后片纱向

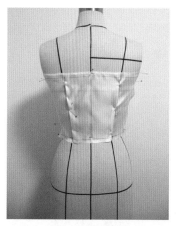

图3-4-12 做后腰省

图3-4-13 拓取样板

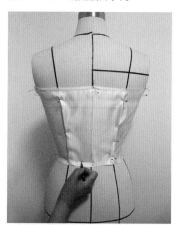

图3-4-14 画标记

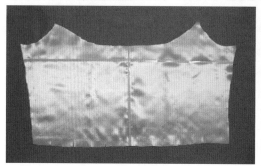

图3-4-15 原样板

图3-4-16 将侧缝和省道连线

可以连成直线，如图3-4-16所示，领口和袖窿要画顺弧线，如图3-4-17所示，腰线略有弯曲，如图3-4-18所示。后片的布样板，如图3-4-19所示。

按传统取样的方法，拓取样板后，订正样板，按订正好的样板轮廓，将布样子还原到人台上，如图3-4-20所示。

2. 裙子的立体裁剪

第一步：裙撑的制作。为了让裙子有很好的造型，一般可以通过裙子里面的裙撑来实现。裙撑的种类很多，本款礼服采用常见的网状纱来做裙撑。取网状纱长120cm、宽

图3-4-17　订正样板

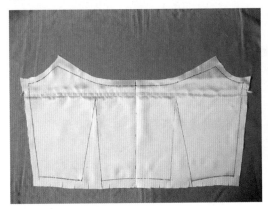

图3-4-18　前片样板

图3-4-19　后片样板

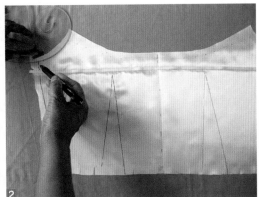

图3-4-20　订正后前片　　图3-4-21　裙撑的制作　　　　图3-4-22　固定裙撑

166cm，为增加硬挺度将长边对折，使长度变为60cm。裙撑腰部的位置折成双明裥，如图3-4-21所示，在裙腰一周固定裙撑，如图3-4-22所示。

　　第二步：裙子的立体裁剪。裙子要在裙撑上进行操作。首先准备布料长254cm，宽为117cm的淡金黄色的丝绵面料。以前中心线和腰围线的交点为起点，各向左右每隔6.8cm确定一点，将腰围分成10等份，这样就确定了10个点。将254cm的布边两端各预留2cm为缝份，剩下的250cm平均分成10等份，这样也确定了10个点。将布料的中间点和人台的中心点重合，其余点对应重合，如图3-4-23所示。布料在每一等份都留下很大的余量，这是做花饰褶皱需要的褶量。选取每个褶量的中点，如图3-4-24所示，由中点开始向下捏

图3-4-23　将布料的中间点和人台的中心点重合

取细褶若干，褶的总量为4cm，将细褶固定，如图3-4-25所示，这时花饰褶皱的外观呈现出蝴蝶结的形态，如图3-4-26所示，按统一的手法将10个褶量依次操作完成，如图3-4-27，图3-4-28所示。将相邻的半个褶重新组合，在腰围线向下20cm的地方捏合在一起，使下端的花饰像百合盛开的造型。百合花饰褶皱底下的余量倒向人台的左侧，手法如图3-4-29所示。

3. 装饰带的肌理再造

第一步：装饰带的用料准备。装饰带选用45°斜纱面料，长度为95cm，宽度为7cm，将装饰带的两端裁成尖角状，装饰带边缘用金线锁缝，如图3-4-30所示。需要准备这样的花边24个。裙子上用20个，前胸用4个。再做25cm长的相同饰带2个，作为裙子的吊带。

图3-4-24　每一等份留有做花饰褶皱的余量

图3-4-25　将细褶固定

图3-4-26　百合花形肌理制作

图3-4-27　依次完成10个褶量

图3-4-28　10个褶量完成后

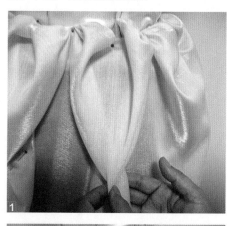

图3-4-29　百合花细节

图3-4-30　装饰纱质面料准备

图3-4-31　胸前肌理装饰

图3-4-32　装饰花的制作

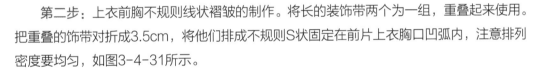

图3-4-33　将饰带固定到礼服上

第二步：上衣前胸不规则线状褶皱的制作。将长的装饰带两个为一组，重叠起来使用。把重叠的饰带对折成3.5cm，将他们排成不规则S状固定在前片上衣胸口凹弧内，注意排列密度要均匀，如图3-4-31所示。

第三步：裙摆旋涡状花纹的制作。将长的装饰带两个为一组，重叠起来使用，如图3-4-32（1）所示。将长饰带的一端用手捏住，沿饰带宽度的中点向右旋转，把旋转的路径用线缝合固定，这样一朵美丽的"巧克力"花就呈现在眼前了，如图3-4-32（2）所示。

第四步：将做好的花朵装饰到裙子上。在裙子的花褶之间的空隙处固定"巧克力"花，使花的高度和裙褶花的捏合点在同一高度。将25cm长的两个饰带固定到礼服上，前后各有2cm的搭合量，如图3-4-33所示。

4．本款式的主要技能点

（1）裙子的花饰褶皱制作注意事项。在制作裙型的花饰褶皱时要注意纱向的垂直，每个花饰褶皱的中心纱向都是垂直的，花饰的大小和排列尽量要一致，花的外型要尽量一致。

（2）旋转成旋涡状花纹与不规则线状褶皱的制作注意事项。装饰带的金色锁缝部分一定要硬挺，这样完成后的旋涡状造型才会有立体感且变化丰富。单用金丝锁缝牢度会很差，可以混合涤纶线一起锁缝，以达到预期效果。

四、完成效果

本款礼服的最后完成效果如图3-4-34，图3-4-35所示。

第三章

晚礼服的设计
与立体造型

图3-4-34　正面效果

图3-4-35　背面效果

小结

本节主要讲解线形褶皱及花饰褶皱在礼服中的具体应用，礼服款式的整体节奏、色彩的把握等。主要的技术难点是线形褶皱及花饰褶皱的制作和整体造型的协调把握。

训练
项目

按照所讲礼服的款式及立体裁剪制作方法，设计一款有线形变化褶饰的礼服。

要求：（1）首先要确定款式图，要求表达清楚，线条流畅。

（2）款式表达准确、完整。

（3）立体裁剪技法准确、熟练。

（4）制作样衣。

CHAPTER 4

第四章　创意礼服的设计与立体造型

第一节　创意礼服的设计原理

　　创意装是设计师自我风格的体现，是品牌及个人作品发布会不可缺少的一部分。它除了受流行的影响外，很大程度上受制于设计师个人艺术底蕴和审美情趣等。创意装形式多样且不受服装服用性的束缚，但创意装的最终目的是引导流行，给实用装以创思和启示。

　　创意装可以超乎正常服装结构、工艺允许的范围，有特殊或夸张的设计，并采用独特的裁剪、缝制技艺夺人耳目。如著名设计师马克·奎恩就非常善于利用服装结构的重组形成新的设计作品。

　　创意装可以倡导流行，为实用装设计提供灵感与启示，创意装如果独立于实用装之外，只有几分钟的T台生命那就失去了它的价值和意义。著名设计师约翰·加利亚诺2007年作品使用切割的服装元素做了一系列创意装作品，而由他设计的迪奥高级女装2007年新品也用了同样的元素，加利亚诺很好地将创意装与实用装融合为一体。

一、创意礼服的主题设计

图4-1-1　Tmagazine作品

　　现在服装设计特别是创意装设计都离不开理念与主题，主题的设计是创意装意境与风格的重要体现，决定着创意装的主要形式，因此选择一个好的创意主题是非常重要的。常用的主题形式有以下几种。

　　（1）娇柔浪漫形式：这类主题形式主要是利用服装为载体突出作品的浪漫意境。主要采用的元素为繁复的服装结构及装饰，透明或半透明重叠的面料等。

　　（2）东西方结合式：这类主题形式主要是利用东西方文化及服装元素的融合、对比、借鉴产生新的服装创作形式，如约翰·加利亚诺结合日本传统的服装形式创作了一系列日式创意礼服。

　　（3）解构主义形式：这类主题形式主要是借鉴后现代艺术中的解构形式，将服装的结构、图案等元素打乱重组，从而形成新的服装创作。

　　（4）借鉴其他艺术形式：这类主题形式主要是借鉴国画、油画、装饰画、版画甚至儿童画等艺术形式，将这些元素融入创意礼服中产生新的创作形式。

　　（5）幽默趣味形式：这类主题形式主要是从流行文化、建筑、话剧等多个方面汲取灵感，融入到创意装设计中。如日本著名设计大师高田贤三设计的塔服。

　　（6）梦幻朦胧形式：这类主题形式主要是根据文学作品

等相关艺术的意境，利用相应的服装元素表达出来，产生创作灵感。

（7）怀古追今形式：这类主题形式主要是借鉴以往不同时代服装的某些元素与现代流行元素相结合形成一种服装创作灵感。

（8）环保主题形式：人们的生存环境日渐恶化，从20世纪90年代末环保主题被普遍关注，这类服装设计是以生态为主题将大自然的色彩、线条运用到服装上，面料常选用自然面料或可回收物品产生的纺织品。如著名日本设计大师古川云雪用可乐瓶纤维研制新型环保面料，再将这种面料设计成服装充分体现环保主义。

（9）时尚运动主题形式：运动主题是近几年来热门的主题，这种主题形式是将运动服的设计元素移用到创意装中，产生新的服装形式。

（10）借鉴其他科学的形式：这种主题形式是借鉴其他科学元素（如：机器人、太空服等）形式为创作灵感，由此设计创意装突出个性。

（11）回归自然主题形式：随着人们生活压力的不断加大，人们亲近自然、向往自然成为近几年的热点主题，波西米亚风格的兴起就是这一主题体现。这类主题下的创意装可借鉴自然物态设计服装外形，如借鉴梯田的形状设计裙子的外表装饰及分割等。如图4-1-1所示Tmagazine的创意礼服，大胆选用海洋生物作为装饰品，如鱼、海星、虾等，夸张怪异，引人注目。

（12）民俗民风形式：这一类主题形式是借鉴民间的各类艺术形式为设计灵感，设计相应的创意装。如日本设计大师三宅一生将中国的民间年画印染到褶皱上衣上。苗族的刺绣、陕西的皮影、山东的舞狮、国粹京剧脸谱等都可以成为设计的灵感源。

二、创意礼服的设计方法

设计方法是一种理念和思维，因此只有在实践中把握才能真正体会到其中真谛。创意礼服的设计方法根据设计师的习惯和爱好会有所不同，这里提供几种方法以供参考：夸张法、逆向思维法、移用法、变换法、联想法、派生法、趣味法等。

（1）夸张法：夸张法是将礼服的某一局部进行夸张设计使其产生不同视觉效果，使礼服推陈出新。如夸张礼服的肩部，使用填充物使肩部造型膨胀加大增加礼服的视觉体积，从而使礼服引人注目。礼服可夸张的部位很多，如领部、臀部、胸部、袖长、下摆等，也可夸张礼服的装饰、面料组合等元素，具体可根据设计师的设计意图及礼服的整体风格而定。

（2）逆向思维法：逆向思维法是打破常规的设计思维方式，将礼服的设计元素重新组合设计，如将礼服的领部造型设计到裙摆的位置，将婚礼服用皮革进行设计等。

（3）移用法：移用法是将自然界的各类造型直接或间接地应用于礼服的设计中。如将鹅卵石的造型用面料做成肌理应用于礼服的裙部，形成新的视觉效果。服装本身的造型也可相互借鉴移用，如鞋的造型可移用到礼服包的外形设计中。

（4）变换法：变换法是将原有礼服变换材质、变换工艺、变化色彩等得到新的创意。如将传统的晚礼服用迷彩服面料制作，就会产生新颖的效果。

（5）联想法：联想法是指以某一事物为出发点产生联想，取得新的创意设计。可以引发创意联想的出发点有很多，如戏剧、电影、画卷甚至是流行歌曲，联想法可以拓展设计思路，但要善于提炼有助于设计的成分。

（6）派生法：派生法是指通过借鉴已有服装作品派生出新的作品，如廓型不变变化细节，装饰不变变化廓型，整体不变变化局部等形式。

（7）趣味法：趣味法是指把生活中有趣的形状及图案变成服装元素运用到设计中。如把儿童绘画用印染的手段设计到创意礼服中，会使礼服具有童趣天真浪漫的风格。

三、创意礼服的造型设计

创意礼服的造型没有一个统一的标准，主要是根据选用的主题形式而定，造型设计有很大的变化空间。创意装的造型方法有很多，具体概括起来有象形法、叠加法、附加法、发射法、镂空法、悬挂法、肌理法、变向法、系扎法、剪切法、抽缩法、撑垫法、折叠法、抽纱法、缠绕法等。这些造型方法在以后的实训内容中再作具体讲解。

四、创意礼服的装饰设计

创意礼服的装饰设计方法多种多样，因为创意礼服不同于一般的礼服，无论是造型方面，还是材质方面，都具有较强的创新性，所以创意礼服的装饰设计方法也具有很强的创新性，如图4-1-2至4-1-4所示。

五、创意礼服的面料设计

服装材料的广泛性为服装设计师提供了更为宽广的创造空间和选择空间，但是服装设计师在进行服装设计的时候，大多数情况下可能会对现有材料的色彩、质感、肌理等感到不满意，这时就需要设计师针对设计的需要对现有的材料进行重新的创造与设计，如图4-1-5所示。

图4-1-2　装饰设计（Chtistian Lacroix 设计作品）

图4-1-3　珠子组成的装饰设计（John Galliano设计作品）

图4-1-4　镂空装饰（Jean Paul Gaultier设计作品）

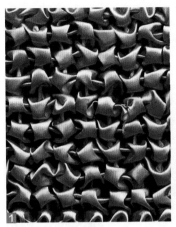 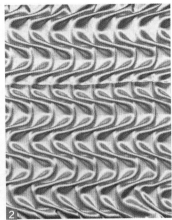 

图4-1-5　面料处理

　　如果说20世纪的服装是以服装结构为主线进行设计的话，那么随着时代的发展和人们审美观念的变化，现代的服装设计多是从材质的设计处理搭配方面入手，因为材料的软、硬、厚、薄、透、肌理等特性决定着服装的基本风格，所以说材料的创新是服装设计的关键。而创意礼服设计的出路也在于材料的创新。

　　新材料的应用正是设计师观念的体现，全新的材料给人一种与常规材料迥然不同的感受。例如：被誉为"面料魔术师"的日本设计师三宅一生(ISSEY MIYAKE) 在服装材料运用上，改变了高级时装及成衣一向平整光洁的定式，以各种各样的材料，如日本宣纸、白棉布、针织棉布、亚麻等创造出各种肌理效果。他使用任何可能与不可能的材料来织造布料，从香蕉叶片纤维到最新的人造纤维，从粗糙的麻料到支数最细的丝织物。三宅一生的设计直接延伸到面料设计领域。他将现代科技应用于传统织物，结合他个人的哲学思想，创造出独特而不可思议的织料和服装。他喜欢用大色块的拼接面料来改变造型效果，使他的设计醒目而与众不同。同样川久保玲的成功，也得益于她对材质的创造。因此要想设计出有创造力、感染力、时尚感的礼服新款式，就必须符合现代的设计理念——材料的创新。

六、创意礼服的色彩设计

　　创意礼服是富有创造性和艺术性的服装，创意礼服所突出的是新颖的、独特的构思，富于美感的形象，新奇而巧妙的结构组织，恰当而周全的结构细节。通过服装在造型、色彩、肌理、纹饰等方面的完美展示，来引起人们的共鸣。

　　创意装的色彩是为创意礼服款式、造型等服务的要素，可以更好地表达创意风格。

　　根据设计的主题确定色彩的选择范围。案例：梦幻主题，多选用轻柔淡薄的色彩来表现。如轻柔的蓝色、淡淡的绿色、柔柔的粉色等都会使人产生梦幻般的感觉。选用淡薄颜色时要注意各种颜色的明度对比不要过大，可以模糊，但不能醒目，如图4-1-6所示。选用金银等闪光的色彩，也会有梦幻效果。在表现服装时，为营造华美的气氛，也会选用金银等闪光色。在灯光的照耀下，金银色可以最大限度地反射出去，放射出耀眼的光芒，如图4-1-7所示。

创意礼服的设
计与立体造型

图4-1-6　以银河光芒为主题的创意礼服设计　　图4-1-7　选用金属色彩

夸张是创意设计的一大表现手法，色彩可以起到调节夸张的作用。在造型夸张设计中，一般选用立体式设计，进行局部夸大。夸大的部分就像放大的画纸，是描绘色彩的最佳位置，这时可以借助色彩来加强或减弱服装的夸张感，如夸张部位选用的色彩的色相、明度、纯度与其他位置的色彩差异很大，就会起到加强夸张效果的作用；反之，就会有减弱夸张效果的作用。

格调高雅是创意礼服的精髓，色彩有助于塑造内在精神。如果一件礼服上同时采用多个色差对比较强的色彩是不会产生美感的，并且色彩杂乱也会让人产生粗俗感。这就需要增加服装色彩的内在调和力。色彩调和的方法可采用混入统一色、色彩间隔、色相推移、明度推移等办法，使服装整体色彩协调，产生高雅的美感。

创意礼服本身就是高雅艺术，它的色彩选择可以根据所要表达的思想内容来选择。例如，以中国的传统建筑为构思源泉，色彩选择时可以参照中国传统建筑色彩搭配。

创意礼服的色彩设计受到材质的影响，色彩会随材质变化而变化，如图4-1-8所示。例如，以纸为介创意礼服的色彩受所选用纸张的色彩限制，由于纸张有质地、薄厚和吸水性强弱之分，创意礼服会出现不同的色彩变化。

虽然色彩的选用和设计师本身的喜好有很大的关系，但是协调的色彩搭配可以起到锦上添花的作用。创意礼服具有较大的观赏价值，色彩是观赏者视觉中最为抢眼的要素，把握好这种要素，就把握住了创意礼服的中心价值。

如今，科学技术已被运用到创意礼服的色彩设计中。如色彩本身会发光的创意礼服，方法是服装面料着色时加入荧光剂或有色光源作为服装的一部分。这种效果需要在舞台光线相对较暗的地方展示，在欣赏时看不清服装的边缘，只有灯光在游移，虚幻感很强，如图4-1-9所示。

图4-1-8　创意礼服的色彩与材质　　　　　　　　图4-1-9　发光效果的服装 出自 Wearable Art Design For the Body

七、创意礼服的整体搭配设计

　　创意礼服的整体搭配设计要考虑到服装整体美的概念，服装的整体美就是要注重服装与饰品、妆容、人及色彩之间的和谐搭配，只有这样才能使饰物、妆容与人、衣、色相得益彰。服饰品对于服装整体美的主要作用表现在以下两点：

　　第一是强调。选择适当的服饰品可以强化服装本身的艺术风格。例如：中式盘扣、图案出现在创意礼服中，可以强化礼服的中国风情；冷光金属饰物可以强化礼服的现代科技感。

　　第二是完善。当礼服的造型或色彩未形成强烈的视觉效果时，通常可以通过饰品来加以强调或修饰。在色彩设计中，如果礼服本身色调过于沉闷时，可以选用色彩亮丽的饰品加以点缀。在造型设计中，当礼服的重心发生偏移时，可用饰品来加以协调，如图4-1-10，图4-1-11所示。

图4-1-10　创意礼服整体搭配设计
（John Galliano设计）

图4-1-11　创意礼服搭配设计

　　人的妆容与服装也存在着非常密切的关系，如生活中经常用的眼影、唇膏、腮红、粉底、眉笔等，它们的颜色与服装的色彩之间会存在一种对比与调和的关系。在一般情况下，眼影的颜色与服装的颜色要保持一致，除非要创造一种夸张的、刺激的舞台效果，才会考虑选用五颜六色的眼影。还有在生活中若将唇膏色作为礼服的点缀色，会十分动人。例如，如礼服的色彩是黑色的，点上朱红，则艳丽动人；点上玫瑰红，则妩媚神秘；点上橘红，则清新跳跃。如礼服的颜色是两种以上的多种色彩的组合，唇膏的色彩应选取其主要色调。如礼服是上下分体的，上衣与裙子是两种颜色，唇膏的颜色应与接近面部的上衣颜色相协调。而腮红颜色的选择则需要参考整个妆面的色调来决定，通常选择与眼影同色系的腮红是最和谐的。

图4-1-12　中国风创意礼服

图4-1-12具有浓郁中国风的创意礼服设计，选用具有中式风格的面料及配饰，如印有古典图案的面料、古代帝王的黄色等，夸张的造型再配以中式花盆鞋，更增加了这一系列礼服的中国味。

图4-1-13 Gary Harvey设计作品，这两款创意礼服都是用二手衣物制作的，废旧衣物经过重新设计后焕然一新。第一款是用41条Levi's牛仔裤制作的，第二款是用风衣制作的。

图4-1-13　Gary Harvey设计作品

图4-1-14 Rie Hosokai设计作品，用气球制作的礼服。利用膨胀的气球，通过编织之后变成漂亮的礼服。由于气球的材质比较特殊，所以在制作时要注意经纬度的编排，而且还需将这些气球做的符合模特的身材曲线。

图4-1-15 Dior的礼服设计中采用的是中国元素青花瓷。第一件上半身的青花瓷图案优雅而又大气；而第二件则将青花瓷隐藏在裙摆里边，绒毛堆积、夸张蓬松的下摆，使裙摆的造型极具张力。

图4-1-14　Rie Hosokai设计作品

图4-1-15　Dior的礼服

小结　本节主要讲解了创意礼服的创意方法、造型、装饰、面料、色彩、整体搭配等设计理论知识点，创意礼服主要是突出创意主题的新颖，强调创意形式创新，所以创意礼服的创作理念是非常重要的。

训练项目　借鉴本节创意礼服设计原理，以某一主题为出发点，创作20款创意礼服。
要求：（1）风格突出，个性鲜明。
　　　（2）款式创意合理，符合流行趋势。
　　　（3）用效果图的形式表达，并画出正反面款式图，制作样衣。

第二节　民族元素创意礼服

一、款式分析

　　款式构成：此款礼服造型形式借鉴了中国传统的折扇造型，利用大小不同的折扇造型使服装形成疏密变化的节奏。此款礼服主要采用了附加式造型方法，裙裾部分采用折叠方式使礼服产生层次感，如图4-2-1所示。

　　色彩构成：此款礼服主要采用对比色彩，主色为深紫色，闪金色为点缀色，玫瑰红色为调和色，形成悦目的色彩搭配。

　　细节构成：此款礼服前胸部分主要以小扇形装饰，扇形边缘用花形亮金色片装饰使礼服色彩跳跃，左侧缝处以大扇形装饰调节视觉平衡。

　　面料构成：此款礼服选用深紫色有暗褶肌理变化的涤纶类面料，面料要求有一定硬挺度并有光泽感，辅料装饰为玫瑰红金边纱带，花形闪金片。

二、立体裁剪操作分析

　　1. 本款式的主要知识点

　　（1）礼服比例设计的应用，本款礼服利用密集与疏散的对比形成节奏感。

　　（2）礼服面料的改造处理，将平面布片利用折叠方法变成褶皱肌理。

　　（3）礼服整体造型的协调，礼服的长度设计与点缀装饰设计的协调。

　　2. 本款式的主要技能点

　　（1）裙型的整体塑造。

　　（2）扇形褶饰的制作。

　　3. 礼服规格设计

图4-2-1　设计效果图

部位	总裙长	胸围	腰围	臀围	上片
尺寸（单位：cm）	170	88	68	94	38

三、主要制作步骤

1. 前片的制作

第一步：前胸褶饰底片的制作。确定底片的位置及大小：由左公主线与肩线的交点下量10cm确定点A，取胸围线与左侧缝线的交点确定点B，由腰围线向上量取10cm，由前中心线向外量取5cm取点C，由右公主线与胸围线的交点向右量取5cm取点D，连接A、B、C、D四点确定褶饰底布的位置，如图4-2-2所示。

第二步：取45°斜纱向布料，根据已确定好的形状固定在人台上，沿人台上确定好的形状外预留5cm将多余面料剪掉，如图4-2-3所示。

第三步：制作胸前装饰物。取长为60cm、宽为20cm的长方形面料，用熨斗将金色亮片熨烫在长方形面料上。将准备好的面料无亮片的一边按照1cm的褶量抽缩到一起并固定，形成扇形装饰物。按照同样的方法制作11个扇形装饰物，如图4-2-4所示。

第四步：固定胸前装饰物。将做好的扇形装饰物依次固定在人台做好的底布上，固定时注意装饰物叠压的比例一致，前后层次错开，形成节奏感，如图4-2-5所示。

第五步：制作前胸部右片。根据右片形状取直纱面料，将面料固定在人台上，右片于褶饰底片部分结合处拉紧固定，右胸片腰部打剪口推平固定，如图4-2-6所示。

2. 制作前左片与裙前片

第一步：依据效果图及服装规格取45°斜纱面料，长度为裙长，宽度为裙前片下摆宽度。将面料上端斜三角一边拉直与胸前饰物底片相接，在侧缝线处将面料打剪口并推平固定，如图4-2-7所示。

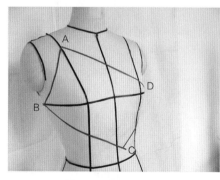

图4-2-2　确定底片位置

图4-2-3　制作底片

图4-2-4　装饰物的制作

图4-2-5　固定装饰物

图4-2-6　制作前胸部右片

图4-2-7　侧缝线处将面料打剪口

1

2

图4-2-8　制作裙前片

　　第二步：将裙前与胸片交接处推平，并在腰线处折叠2cm褶量，形成裙前片的腰围线。将裙前片臀围部分推平，将右边三角部分在腰部捏褶固定，形成折叠层次，如图4-2-8所示。

　　3. 后片的制作

　　第一步：后上片的制作。后胸片是与裙片相接的，取料时应与裙片同时取料。取45°斜纱面料，长度为裙长，宽度为裙摆宽度。上端固定在后公主线与背宽线交点向下5cm处，左端固定在胸围线与侧缝线的交接点，右边与左边相同。将后胸片推平固定，在腰围处横向捏2cm褶，形成腰围线。将两侧侧缝处推平，并与前片侧缝折合，如图4-2-9所示。

　　第二步：制作后裙片。根据已取好的后裙片的量，将两边侧缝多余面料清剪，后臀围推平，右侧缝与前裙片折合，左侧多余部分在腰间折叠，形成层叠，如图4-2-10所示。

图4-2-9　后胸片

图4-2-10　裙后片的制作

4. 制作并固定裙侧装饰物

第一步：装饰物的制作。取长为80cm、宽为30cm的长方形面料，在布片的直布边一侧，距边1.5cm处缝装饰带。将缝好装饰带的布片无装饰带的一边按1.5cm褶量抽缩。用同样的方法制作8片装饰物，如图4-2-11所示。

第二步：固定裙侧装饰物。将做好的装饰物依次固定在裙子右侧上，由腰围下60cm处固定第一个装饰物，依次递减10cm固定其他装饰物，形成层叠节奏感，如图4-2-12所示。

图4-2-11　裙部装饰

图4-2-12　固定裙侧装饰

1　**2**

图4-2-13 前片装饰

5. 前片装饰处理

将裙前片用闪金片进行斜向装饰处理，使其产生斜线分割与其他部分协调，如图4-2-13所示。

四、完成效果

本款礼服的最后完成效果如图4-2-14至图4-2-17所示。

图4-2-14 细节图

图4-2-15 背视图

第四章

创意礼服的设
计与立体造型

图4-2-16　正视图
图4-2-17　侧视图

 本节主要讲解附加式造型方法在礼服中的灵活运用，以及礼服款式的整体节奏把握，装饰的合理运用等。主要的技术难点是层次的塑造，整体造型的协调把握。

训练
项目 按照所讲礼服的款式及立体裁剪制作方法，用坯布制作一款礼服。
要求：（1）款式表达准确、完整。
　　　（2）立体裁剪技法准确、熟练。
　　　（3）制作样衣。

第三节　肌理装饰创意礼服

一、款式分析

　　款式构成：此款礼服造型设计是从中国传统的编绳技艺中获取灵感，展开联想进行设计的。身片选用斜纱进行裁剪，使裙身立体感强，穿着贴身合体。采用盘绳的方法在胸部进行造型设计，造型较为夸张、前卫，使整款服装极富有现代感。裙身前端选用橘红色的反光纱料进行装饰，做出行云流水的造型，这种造型使服装整体有修身拉长的效果。最后采用一根与胸部造型同样的绳子来贯穿整个裙子，在绳端处以中国传统的灯笼结束。整款服装设计严谨，造型流畅。主要采用了复合造型方法，以带状材质为主要材料，在裙子上做加法，最后组成完整的设计，使裙子拥有中国画般的美感，如图4-3-1所示。

色彩构成：此款礼服主要采用对比色彩，采用了中国传统的吉祥色红色和绿色来搭配，主色为泛银光的墨绿色，反光的橘红色为点缀色，红白相间的绳子成为调和墨绿与橘红的纽带，整体色彩感觉协调，含蓄中透露着华丽感。

细节构成：此款礼服前胸部分主要以螺旋状的绳子进行装饰，绳子边缘用薄纱条装饰使礼服色彩跳跃，构成形式多变。以浓浓的暖色调始终穿插在服装的始末。

面料构成：此款礼服选用有银灰光感的墨绿色绒质涤纶面料为主料，如图4-3-2所示，既透明又反光的橘红色纱为辅料，要求纱质稍有硬挺，适合花边褶皱的造型，如图4-3-3所示，绳子则是选用尼龙绳，为双色捻制的两股绳盘绕在一起而成的，如图4-3-4所示。

图4-3-1 效果图

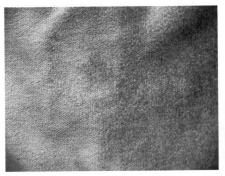

图4-3-2 主面料

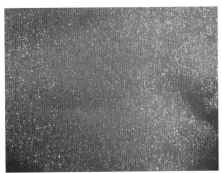

图4-3-3 装饰面料

图4-3-4 绳饰

二、立体裁剪操作分析

1. 本款式的主要知识点

（1）礼服比例设计的应用，本款礼服利用露肩设计使整个裙子的上身短小、合体，下身修长。

（2）礼服整体造型的协调，礼服的长度设计与点缀装饰设计的协调和呼应。

（3）盘绳造型的应用，由线盘结成面，构成服装的重要装饰。

（4）服饰品的搭配，鞋子的整体呼应。

2. 本款式的主要技能点

（1）裙型的整体塑造。

（2）盘结的制作。

3. 礼服规格设计

部位	总裙长	胸围	腰围	臀围
尺寸（单位：cm）	210	94	68	94

三、主要制作步骤

1. 裙身的制作

第一步：裙身布料的准备。确定裙身布料的位置及大小，准备表布为墨绿色的银光绒面布，长宽分别为135cm。量取对角线的长度要比人台上前中心点到地面的长度长，因为裙摆有拖地的造型，所以裙子比较长。这样有延伸视线的作用，使裙身显得修长。

第二步：将身片布料的一角固定在人台的前中心点上，身片布料的对角线和人台上的前中心线重合，如图4-3-5所示。

第三步：固定裙身。裙子身片较为合体，将布料包裹在人台上，在后中心的位置加以固定，如图4-3-6所示。

图4-3-5　取料

第四步：加拼接片。根据裙子后腰的三角缺口，自腰线向上2cm，缺口向下2cm，左右与裙身各重合2cm，确定一个等腰三角形，如图4-3-7（1）所示。将拼接的三角形固定在身片的下面，如图4-3-7（2）所示，裙摆自然下垂，后中心线左右各留2cm的缝头。为呼应整体造型，将拼接的三角上端在后中线处清剪5cm的凹陷，使三角与裙身的曲线衔接自然，如图4-3-7（3）所示。

第五步：收腰省。由于胸的突起，在前片的腰部会形成松量，将其收为腰省。省尖位于BP点，省的位置靠近公主线，下端尖角指向为公主线向侧缝偏移2.5cm，省长28.5cm，如图4-3-8所示。要求收省后裙身曲线明显，前片两条公主线之间要贴体，侧面腰部略有余量。

图4-3-6　后片处理

图4-3-7　后腰部处理

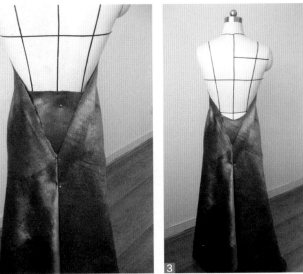

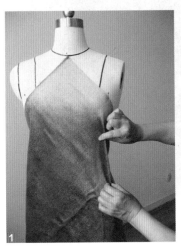

图4-3-8　收腰省

图4-3-9　装饰的制作

2. 装饰的制作

第一步：身片装饰纱布条的准备。准备装饰用的橘红色纱布条两根，长为140cm，宽为4cm。在装饰条上均匀地打褶，褶量为2cm，褶的间距为2cm，褶的数量为34个，褶的倒向一致，用大头针在纱布的中间固定褶皱，剩下的布边为缝头，如图4-3-9所示。

第二步：固定身片装饰条。将打好褶的纱布条固定在人台上，自公主线与裙子上边缘的交点开始，沿裙子的上边缘固定，固定点为纱布的中间，裙子的边缘缝头为1cm。在后中心处将缝头盖在裙子底下，保持表面的干净平整，如图4-3-10所示。

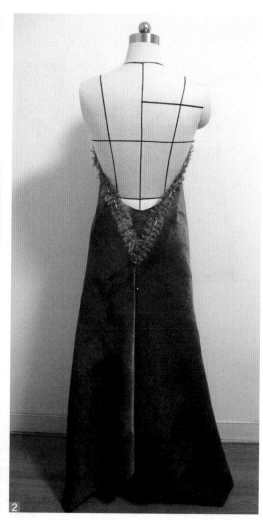

图4-3-10　固定身片装饰条

　　第三步：盘结胸部造型。准备红白相间的绳子一根，直径为1cm，长为380cm，要求绳子弹性不要过大，稍有硬挺度。把绳子的两端粘封，防止脱纱。绳子分成两等份，找到中点。中点的位置和后中心点对应，利用绳子的两端分别做胸部造型。将胸高点作为盘绳的起点，绳头藏在里面，依照胸部的造型，绕胸盘结并加以固定。盘结的大小以正好相切到裙子的边缘为好。把固定好的盘结从人台上摘下，保持其形状不变，在盘结的内部用红色缝线加以固定。左胸为顺时针盘结，右胸为逆时针盘结。左右两端的盘结做法一致，要求大小、形状一致，用料相等，如图4-3-11（1）所示。

　　准备两根相同的装饰用的纱布条，长度为152cm，宽度为6cm。将纱布的一边抽纱，形成1.5cm左右的毛边，如图4-3-11（2）所示。将花边固定到胸部的盘结上，自盘结的外边缘A点开始固定，把抽好纱的布条按2cm一个的距离打褶，褶之间的距离也是2cm。褶的正面倒向和胸部盘绳的旋转方向一致，抽过纱的毛边在外围，固定缝头为1cm，如图4-3-11（3）所示。左右盘结的装饰方法相同。余下的纱布不要剪断，将其固定到两胸之间的绳带上，固定到后中心为止，左右纱条会各自留下一些，将它打成蝴蝶结，用来装饰后身，如图4-3-11（4）所示。

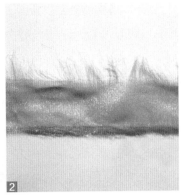

图4-3-11 装饰制作

图4-3-12 固定装饰物

图4-3-13 胸部装饰效果

　　把装饰好的胸部造型固定到人台上。要求盘结的中心对准胸高点，连接盘结的绳子要有一定的弯曲，以增加整体造型的柔美感，如图4-3-12，图4-3-13所示。

　　第四步：制作前身片的折线形装饰带。准备橘红色纱布一块，长288cm，宽150cm。将宽度分成两等份对折，对折后再两等份对折，此时布料的宽度为37.5cm，再将这37.5cm的宽度按5cm一个褶皱进行折叠，褶下重合处为2.5cm，布层的开口边正好折到底下，如图4-3-14所示。

　　把长度为288cm的布料整齐地折叠备用，如图4-3-15所示。将折叠好的布料固定到人台上。

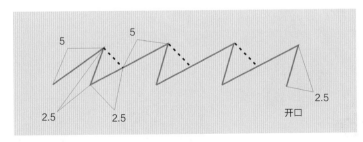

图4-3-14 折叠方法

图4-3-15 装饰带的制作

让布料与裙子右边的上口线平行，与左边裙腰处至少要留3cm做缝量，固定在人台上，如图4-3-16（1）所示。左后端的毛边要折到裙子的里侧3cm，可以将多余的布料清剪干净后进行折边，如图4-3-16（2）所示。

在人台的臀围线处，将纱布折叠褶皱的底端用大头针固定，如图4-3-16（3）所示。整理褶皱，依照设计图所示，将褶皱向左身片的方向折转，形成45°夹角。由于折叠褶皱会松散开，固定时一定要在褶的里端固定，表面不要看到针迹，这样褶皱呈现的立体感很强，如图4-3-16（4）所示。把皱褶逐渐收拢，到公主线的位置进行折转，转折时可以直接叠折。转折夹角为45°，如图4-3-16（5）所示。整理褶皱并固定至小腿中部，余下的纱布松散开形成立体的曲线形褶皱。

第五步：添加装饰绳。因为同等材质同等构成形成的相互呼应更加协调，所以在前身

图4-3-16　固定装饰带

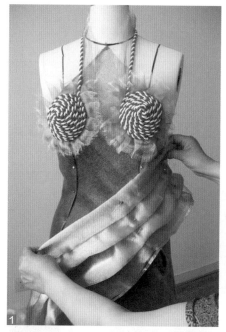
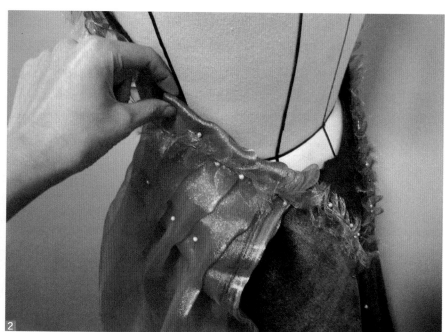

片折线形装饰带上再加入盘结和绳子的装饰。

　　准备红白相间的绳子190cm，将绳子的两端锁封，防止脱纱。把一端盘结成直径为3cm的小圆盘。中心处缀一个墨绿色塑料装饰纽扣，小圆盘的反面用红色的线加以固定。中间量33cm的距离再盘一个直径为5cm的圆盘，中心处缀一个墨绿色塑料装饰纽扣，圆盘的反面用红色的线加以固定，如图4-3-17（1）所示。绳子的另一端加缀一个中国式的宫灯作为装饰，如图4-3-17（2）所示。

　　将小圆盘固定在左肋下，使大圆盘正好位于臀围线处。绳子沿装饰带的边缘固定，如图4-3-18所示，当固定到小腿中部时，绳子不再随装饰带走，而是从人台右侧绕裙子一周固定，从左侧回到裙子的前面。最后整理装饰带的底边，使其看上去更有立体感，如图4-3-19所示。

图4-3-17　装饰物

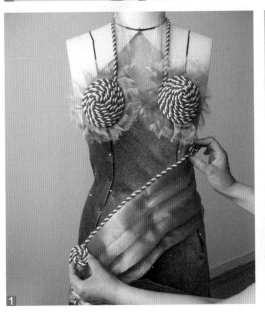

图4-3-18　固定装饰物

第四章

创意礼服的设计与立体造型

3. 服饰品的搭配

在鞋子上加上橘红色的纱布作为装饰，有了鞋子，整体呼应感就更强了，如图4-3-20所示。

四、完成效果

本款礼服的最后完成效果整体感强，色彩艳丽，如图4-3-21至图4-3-23所示。

图4-3-19 调整装饰

图4-3-20 配套的鞋子设计

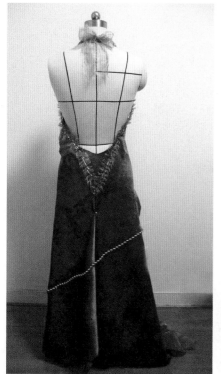

图4-3-21 背面效果

图4-3-22 正面效果

图4-3-23 侧面效果

本节主要讲解线状或带状装饰物的造型方法在礼服中的运用，礼服款式的整体节奏把握，装饰物色彩的合理搭配等。主要技术难点是整体协调性的把握。

按照所讲礼服的款式及立体裁剪制作方法，用坯布制作一款礼服。

要求：（1）款式表达准确、完整。

（2）立体裁剪技法准确、熟练。

（3）制作样衣。

第四节　服装结构创意礼服

一、款式分析

此款礼服主要采用立体褶皱完成造型设计。主要特点是上身褶量向前中心反转形成对称褶皱，腰下立体褶呈现放射状富有层次感，下裙是简单的叠褶状裙，整体效果极具节奏变化，如图4-4-1所示。

二、立体裁剪操作分析

1. 本款式的主要知识点

（1）礼服立体褶皱造型设计。

（2）礼服面积对比设计。

（3）整体造型的协调。

2. 本款式的主要技能点

（1）立体褶皱造型的操作技巧。

（2）褶量的把握与协调。

3. 礼服规格设计

部位	胸围	腰围	臀围	裙长	腰节长
尺寸（单位：cm）	88	68	94	160	38

图4-4-1　设计效果图

三、主要操作步骤

　　1. 前上片的制作

　　第一步：在人台上固定胸垫，固定位置在BP点处，如图4-4-2所示。取白坯布，布长为85cm，宽55cm。将取好的面料宽度左右均分确定中心纱向线，左右多余的量均匀分给侧缝，以腰围线向下15cm放置布片，确定胸围线，在人台上固定布片，如图4-4-3所示。

　　第二步：在腰线中心处左右各量7cm确定A、B两点，在布底端的中心线处量上2cm确定C点。连接AC、BC两条直线，并沿直线向两侧放缝1.5cm，沿着缝份剪开并打剪口，如图4-4-4所示。

　　第三步：从前上片沿前中心线剪开至胸围线，如图4-4-5所示。

　　第四步：将前上片腰部以下多余的量由侧缝转移至前中心，如图4-4-6所示。

　　第五步：侧缝保持45°斜纱，腰部、侧缝预留1cm缝份，打剪口固定，如图4-4-7所示。

图4-4-2　胸垫的固定

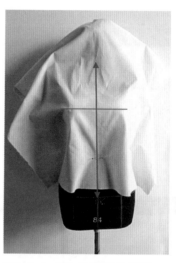

图4-4-3　前上片的备布与固定

图4-4-4　腰部打剪口

图4-4-5　前中心打剪口至胸围线

图4-4-6　转移腰部以下余量

图4-4-7　清剪腰部与侧缝

图4-4-8 整理前胸褶皱

图4-4-9 清剪袖窿

图4-4-10 清剪前胸褶皱

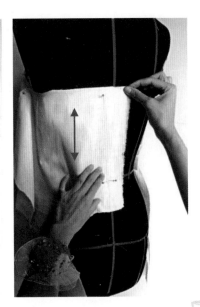

图4-4-11 后上片备布

第六步：整理前胸褶量呈层叠状，由前中心剪口处自然垂下，如图4-4-8所示。

第七步：过大臂根部向下1.5cm处画顺袖窿弧线，预留1.5cm缝份，清剪袖窿并打剪口，如图4-4-9所示。

第八步：清剪前胸褶皱长度留置胸围线以下7cm。整理褶皱清剪呈阶梯状，褶皱自然垂于前中心，如图4-4-10所示。

2. 后上片的制作

第一步：取长30cm、宽30cm的两块白坯布，如图4-4-11所示。

第二步：后中心预留4cm缝份，后腋下部位保持直纱，腰部向下预留5cm缝份，将其中一块白坯布固定在人台后部上方。将腰部多余的量收成腰省。后上片左右操作方法一致，如图4-4-12所示。

3. 制作裙前片

第一步：准备前裙片立体褶皱所用白坯布。取长90cm、宽90cm的白坯布。宽度左右均分确定前中心，腰围线向上预留30cm固定布料，如图4-4-13所示。

图4-4-12 后上片收省

图4-4-13 前裙片备布

第二步：沿中心线向上剪开，剪至C点，如图4-4-14所示。

第三步：打开剪口，由侧缝向前中心旋转布料，如图4-4-15所示。边旋转边打剪口，预留1.5cm缝份，使其净印线与AC线重合固定，剩余的量与腰线重合，如图4-4-16所示。

第四步：旋转的布料自然下垂，整理整齐，由A点向后2cm处确定D点，由D点向下摆前中心方向捏起布料，如图4-4-17所示，将布料折叠成尖角向下的圆锥状立体褶皱，褶皱量为20cm，折成两个褶皱分别固定，如图4-4-18、图4-4-19所示，清剪前中心剩余量，预留1.5cm缝份，如图4-4-20所示。

第五步：裙子两侧对称，制作方法相同。注意两侧圆锥体在前中心要有足够的缝份用以固定，如图4-4-21所示。

第六步：锥形外侧预留1.5cm缝份，并清剪，如图4-4-22所示。

第七步：取长度150cm，宽度80cm的白坯布，折叠4cm褶皱，折叠25个褶皱，固定到锥形右外边，如图4-4-23、图4-4-24所示。左侧操作方法同右侧相同。

图4-4-14　剪开前中心线

图4-4-15　旋转布料至AC线

图4-4-16　打剪口重合AC线

图4-4-17　捏褶量

图4-4-18　折叠圆锥褶

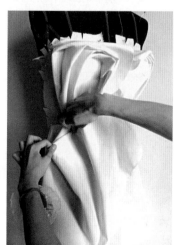

图4-4-19　整理、固定圆锥褶皱

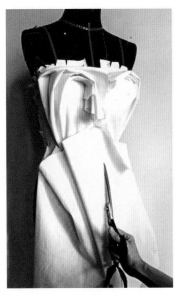

图4-4-20　清剪前中心余量　　　　图4-4-21　左右造型对称　　　　图4-4-22　清剪锥形外边

4. 制作裙后片

准备后裙片所用白坯布。取长90cm、宽150cm的白坯布。宽度左右均分抽褶，褶皱熨烫后与后上片固定。

后裙片侧缝处要求与前裙片搭合20cm，前裙片盖住后裙片，在腰部固定。后裙片整理褶皱要整齐。

图4-4-23　规则褶皱的制作　　　　图4-4-24　规则褶皱的固定

第四章

创意礼服的设计与立体造型

四、完成效果

本款礼服最后完成效果如图4-4-25，图4-4-26所示。

小结　本节主要讲解礼服立体褶皱造型与规则褶皱结合的综合运用，重点在于礼服韵律感的塑造，难点是礼服胸、腹部造型的处理。

训练项目　借鉴所讲礼服的造型方法及立体裁剪制作步骤，运用褶量反转和立体褶皱造型方法，自主设计一款礼服，并选用相应坯布用立体裁剪的方法制作礼服。

要求：（1）款式表达准确、完整、有创新。

（2）熟练使用立体裁剪技法。

（3）制作坯布样衣。

图4-4-25　礼服前身造型

图4-4-26　礼服后身造型

CHAPTER 5

第五章　演艺礼服的设
计与立体造型

第一节　演艺礼服设计原理

　　演艺礼服不同于其他礼服设计，它必须考虑服装与演艺内容、舞台设计、舞台灯光等因素的联系，有着独特的价值取向与审美功能，包含服装艺术与演艺创造的双重成分。

　　演艺礼服是指表演者在特定的时间场景中，为体现某个主题或庆典内容而穿着的礼服。在演艺活动中，服装与表演者一并成为阐述主体的形象媒介，既体现主题内容，又具有形式美感的观赏价值。演艺礼服要与舞台布置、主题特点、灯光、演艺内容等相协调，它不像其他礼服要根据流行选择素材，而是根据庆典内容、歌颂主题确定素材的使用。演艺礼服可以从以下几个方面进行设计。

一、演艺礼服的造型设计

　　演艺礼服的造型千姿百态，从造型的角度可归纳为具象造型、抽象造型、程式造型等形式，几种形式既可独立使用，又可相互结合使用。

　　（1）具象造型：具象造型是指将演艺的主题及内容客观真实地再现到演艺礼服上。如音乐剧《梁祝》就可以用蝴蝶的造型设计演出礼服。具象再现的写实性表现样式，强调客观的模仿式处理，要求能够反映写实形象的典型化特征，如花瓣的具体形态，花瓣的纹路，与礼服的具体结合，如图5-1-1所示。

　　（2）抽象造型：抽象造型是指在礼服创作中结合演艺主题形式，抛开物体具象特征，进行变形、夸张等抽象的造型设计，此种演艺礼服给人以寓意和联想，表现设计师的主观意境，离奇夸张、富有变化。抽象造型表现的主题形式可以是哲理性或虚幻构想的内容，整个表演活动与空间样式带有假定或寓意性，如图5-1-2所示。

　　（3）程式造型：演艺礼服造型中的程式造型是指礼服设计服务于不同主题内容时，顺应该主题内容而运用约定俗成的礼服样式，符合观众的心理定式。如演唱民族歌曲时演员穿着该民族的礼服。

　　演艺礼服的造型没有绝对的标准，主要根据整个演出内容的要求与演出现场风格而定，在设计时可灵活运用以上三种造型方法。

　　演唱演艺礼服造型案例分析，如图5-1-3所示。

　　造型：此款礼服为美声歌手的演出礼服，造型上采用对比的手法，用密集与疏松的节奏形成礼服的特色，腰间的装饰设计加强了礼服的节奏变化。

　　面料：肩部造型采用硬质有光泽的面料，裙体部分采用柔软的纱质面料形成飘逸的造型。

　　工艺：肩部造型采用压褶工艺完成，腰部装饰采用立体绣，形成凹凸变化的图案。

图5-1-1　具象造型演艺礼服

图5-1-2　抽象造型演艺礼服

图5-1-3　美声歌手演出礼服

图5-1-4　根据汉代服饰设计创作的演出礼服

色彩：深蓝色与浅蓝色的结合，是大海的颜色，代表了悠远与高贵。

传统特色演艺礼服造型案例分析，如图5-1-4所示。

造型：此款演艺礼服借鉴汉代服饰特色，造型上采用汉服交领、广袖款式特征，形成传统特色的礼服设计。

面料：此款礼服面料采用丝绸与绉纱面料结合，体现礼服传统与现代的结合。

工艺：此款礼服装饰部分采用贴绣工艺，突出礼服的细腻与高贵。

色彩：此款礼服采用黑色和红色搭配，突出色彩对比，使礼服色彩跳跃，引起视觉兴奋。

现代舞演艺礼服造型案例分析，如图5-1-5所示。

造型：此款礼服采用动感的不对称设计，裙型采用多层喇叭式造型，形成青春动感的节奏。

面料：此款礼服采用有光泽的硬质雪纺类面料，裙部造型可填充硬质网眼纱做裙撑，辅助造型。

工艺：此款礼服装饰部分采用珠片绣，突出礼服的亮丽与闪耀。

色彩：此款礼服主色采用黄绿色，点缀色为玫瑰红色，增加了礼服的青春气息。

仿生式演艺礼服造型分析，如图5-1-6所示。

造型：此款礼服借鉴火炬造型，将礼服整体造型设计成火焰的外形，适合于主题化的节目演出。

图5-1-5　现代舞演艺礼服

图5-1-6　仿生式演艺礼服

面料：此款礼服上部适合用硬挺度、光泽度较强的面料制作，火炬造型部分使用垂性面料完成。

工艺：此款礼服装饰部分采用拼接工艺，与下摆部分形成对比。

色彩：此款礼服采用火炬色彩，胸部装饰采用对比色紫色点缀，视觉冲击力强。

二、演艺礼服的造型手法

演艺礼服的造型手法除了常规的造型方法外，还有多种属于演艺礼服独特的造型表达手法。如雕塑法、扎系法、切割法、充气法、缠绕法、镶缀法、充垫法等。

三、演艺礼服的装饰设计

作为在演出场合穿着的礼服，在装饰设计方面，不但要有创意礼服的创新性，还要具有普通礼服的装饰手法，如图5-1-7采用褶饰设计的礼服，图5-1-8采用夸张的玫瑰绢花装饰的礼服。

四、演艺礼服的面料设计

演艺礼服一般是在舞台演出时穿着，由于受舞台这一特殊环境的影响，因此演出服一

图5-1-7 采用褶饰设计的礼服　　　　图5-1-8 采用玫瑰绢花装饰的礼服

般都会选用光泽感很强的材料，如：皮革、人造革、锦缎、人造丝、丝绸等表面光滑并能反射出亮光的材料，用这类材料设计出的演出服装会产生一种华丽耀眼的强烈视觉效果，正好与舞台的熠熠生辉之感相吻合，如图5-1-9所示。演艺礼服面料的设计方法多种多样，例如：通过蜡染、扎染、喷染或印染所形成的各种图案、纹理等；通过刺绣、缉线等各种手法在材料的表层做装饰线迹；对材料做剪切处理，即按照自己的设计构思将原有材料剪出口子；在原有材料的表面做镂空处理，是一种产生虚拟立体的设计方法，镂空法可以打破整块材料的沉闷感，具有玲珑剔透的效果；将材料的经纱或纬纱抽掉，有的是从材料的中央，有的从边缘。

五、演艺装的色彩设计

在服装心理学中，色彩被称为服装感知的首要因素。演艺服装讲的是舞台效果，而色彩的渲染是突出效果的最好方法。由于演艺时通常场地较大，距离观

图5-1-9 演艺礼服的面料

众较远，尤其是大型的晚会、联谊活动等，观众很难看清舞台上演艺服装的具体结构和布料，但色彩却能第一时间进入眼帘。这就是人们常说的"近看款式远看色"。所以可以利用演艺服装色彩的功能、色彩设计的运用，结合演艺环境的因素，充分发挥色彩的艺术价值。

1. 演艺服装色彩的功能

演艺服装色彩有影响人的情绪、吸引人的视线、表达自身感受的作用。演艺服装色彩的功能可以简单划分为内因功能和外因功能。内因功能是指对于演员自身而言的影响。外因是指对观众的影响。

演员行业有"台上一分钟，台下十年功"的说法。可见演员对于登台的重视程度，这短短的一分钟恰恰是表现自己才华和机智的最佳时刻，演艺服装的色彩有提升演员信心的作用。色彩运用的合理，可以达到最佳的衬托作用。这里的合理性可以从两方面来理解，一是适合演员本身，如：服装色彩适合演员的皮肤颜色，适合演员的发型色彩以及满足演员的个人喜好等。二是适合所要表达的内容，如：服装色彩适合剧情的需要，适合歌曲内容的需要，适合舞蹈内容的需要等。

一台演艺活动的成功与否要看观众的反应，色彩可以起到烘托气氛、激发观众热情的作用。如果是表现吉祥如意的主题，可以选用鲜艳的色彩，如大红色是中国传统的吉祥色，像火焰般热情奔放，提升了喜庆的气氛，观众在色彩的视觉刺激下，情感上也会产生激昂欢快的反映。换个角度讲，观众的热烈情绪和激动的目光也可以促使演员超常水平的发挥。

2. 演艺服装色彩设计的运用

演艺服装的色彩设计依然要根据色彩的基本属性，遵循色彩的搭配规律，利用色彩的视错，符合当今的流行时尚。但作为一名演艺服装设计师，只掌握这些是不够的，还需要了解演艺服装色彩设计的特殊要求。

色彩只有形成一定的气势才会显现装饰效果，如图5-1-10所示Ladygaga演出服，热烈的大红色震慑全场。在集体表演过程中，这种效果尤为突出。例如大型团体操，所有演员穿着统一的绿色服装，手里拿着鲜花，从远处看去就像一块巨大的铺满鲜花的草坪，生动的自然效果很容易表现出来，没有这大面积的色彩组成就不会有这样突出的效果。

演艺礼服一般选用纯度高，饱和度高的色彩。在日常生活中纯度较低的颜色会使人看起来亲切、不张扬。但是在舞台表演过程中如果选用了生活中的颜色就会显得缺乏表现力和感染力，例如曾在春节晚会上出现的《俏夕阳》表演队，选用了纯度高的绿色表演装，绿色的演出服使这些年近花甲的老人们看起来容光焕发，也正是由于选用了

图5-1-10　Ladygaga演出服

图5-1-11　演艺礼服色彩设计　　　　　图5-1-12　演艺礼服色彩

这青春的绿色，才会使观众眼前一亮，记住了这永远不服老的"俏夕阳"。

3. 色彩的意象表达

在演艺服装的色彩设计中，各种色彩都有着特殊的象征意义，合理地把握色彩的感情属性与内涵并将之运用到设计中，能够强化演艺服装对演艺主题的烘托，如图5-1-11、图5-1-12所示。

红色：红色是吉祥的颜色，在传统节日的庆典活动中经常出现，有句歌词"红灯照，照出全家福；红烛摇，摇出好消息。"正是红色所传达给人们的意象。此外，红色也是革命的象征，《闪闪的红星》《红色娘子军》，大型史诗《东方红》等都以红色的作为主题，把红色作为一种精神来传达，这种意象的表达在人们的脑海中形成了鲜明的印象。

黄色：在中国传统中有吉祥、富贵、智慧等寓意。它是所有颜色中最明亮的色彩。中国古代的龙就是黄色，所以有着龙的传人说法的中国对于黄色也是格外喜爱。选用时，尽量避免低明度、低纯度的黄色，因为淡黄在灯光下有发白的色彩感觉，暗黄在色光下有衰弱和沉闷的感觉。例如中国的舞龙队就是穿着黄色服装，上面镶有金边，将整个场面烘托得气势恢宏。

金、银色：金银色均为华丽高贵的色彩，在演艺服装中是常用色彩，一般用于表达辉煌灿烂，气势磅礴或神秘高贵等。例如舞台的布景选用金色，在灯光的照耀下，迷人闪烁，华丽异常。演艺者本身穿着金色或是周身涂满金粉的装束都会有神秘高贵之感。此外黄色还有宗教色的含义。例如几年前春节晚会那个精彩绝伦的节目《千手观音》中，演员们穿用的就是金色服装，把舞蹈和宗教的审美神韵借助色彩淋漓尽致地表达出来了。

蓝色：蓝色给人清纯、洁净、透明爽朗之感。在舞台表现上可以代表大海、蓝天，它作为演艺装的常用色是最好搭配的颜色之一。例如借舞台表现驾驶小船在惊涛骇浪中前行，演员在蓝色的飘带中艰难前行，左右时而有穿着蓝色长裙的演员旋转舞过，代表一个个掀起的海浪。舞台表现整体感强，形象动人。

绿色：绿色代表青春、生命，受大自然的爱恋和垂青，有坚贞不屈，百折不挠的个性。它可以表达环保、成长、希望等主题。

演艺服装的色彩还有很多，这些色彩借助灯光和自身的闪光效果，表现力也很好，在这里就不一一介绍，演艺色彩的运用需要通过长期的实践才能真正把握。

4. 演艺服装的色彩与灯光

色彩的产生离不开光，色彩就是"光的色"，那么研究色彩就不得不研究光。舞台服装色彩是由光源色和物体色共同形成的。光源色如太阳、月亮、灯光等；物体色指的是物体本身的颜色。这里介绍的光源色大多是指舞台上的各种灯光色，而物体色指的是演艺服装的色彩。

表演时舞台上要打许多的光，演艺服装的色彩受灯光的影响都会或多或少地发生变化，有的被强化，有的减弱，有的明亮，有的变暗淡，只有白色的服装能反映色光原有的色彩。例如灰色面料可以更多地反映色光本身的颜色，可以随着光源色的变化增加服装的表现力。

而黑色面料遇到红光会呈现褐色，遇到黄色会呈现土黄色，遇到冷蓝色会呈现深蓝，所以黑色大多遇到色光会发生变化，这样它在舞台上的整体协调感就远不如白色和灰色。如图5-1-13所示，Andrey Razumovs设计作品，以牛奶为创意载体，创造设计出的艺术礼服，给人灵动飘逸的感觉。除此外一些纯度较高的服装色彩遇到色光也会呈现出不同的色彩。例如黄色服装遇到红光会呈现出橙红，绿色遇到天蓝光源会呈现绿蓝色，棕色服装遇到黄色光源会呈现棕橙。不同材质有不同的折光效果。例如，色光照到质地粗糙的麻布上会使其光亮程度减弱。色光照到透明的纱上会使服装更有层次感，可以呈现光的本色。这些色彩变化有一定的规律可循，但是由于光源的微弱偏差，出现的结果可能不完全一致，所以个案性很强，在实践中才能掌握。

5. 演艺服装的环境

影响演艺服装的环境因素很多，这里的环境因素主要指与演艺服装色彩有关的舞台场景的布置。演艺服装的色彩要与舞台的整体布局和色彩组

图5-1-13　Andrey Razumovs设计作品

成相协调，对于表演者来说，舞台的比例是巨大的，演员的演艺服装的色彩是整个舞台色彩的一部分，无论色彩搭配是统一、类似，还是对比调和，其关键在于掌握比例尺度。在设计过程中要整体考虑色相、明度和纯度的关系，精心安排比例效果。如果实在不能满足也可以借助现代的幻景效果来达到协调的目的。

演艺服装色彩设计随着科学的发展，各种舞台技术的应用，必然会呈现出积极发展的势态，有着巨大的发展潜力和研究价值。

六、演艺礼服的整体搭配设计

图5-1-14　演艺礼服搭配

从服饰美学的角度讲，一套搭配和谐的演艺礼服，其整套礼服的色彩效果应该是赏心悦目而又和谐统一的。当然在不同的场合之下，对演艺礼服的色彩也会有不同的要求。因为演艺礼服是在不同的演出场合所穿的服装，所以在演艺礼服的整体搭配设计中，一是要考虑不同的场合对服装色彩的要求，二是要考虑服装与饰品及妆容之间搭配是否和谐，如图5-1-14所示。

现代演艺礼服的色彩可以分为两大类：一是吉祥艳丽的色彩，例如出席一些隆重的庆典场合，就应该选择色彩艳丽的礼服；二是正式沉稳的色彩，例如参加一些较为正式的演出场合，就应该选择色彩成熟稳重的礼服。在演艺礼服的整体搭配设计中，除了礼服自身的搭配外，还要靠许多配饰的搭配，只有这样才能体现出最佳的整体效果。饰品作为演艺礼服的点缀或补充，搭配得好不但能够彰显穿着者的品位和气质，而且能够很好地将礼服的风格表达和体现出来。

一般饰品的佩戴分两种：一是服装配饰品；二是饰品配服装。但是无论是哪一种情况，服装与饰品要搭配和谐，使整个人看起来很协调，而不是一下看到你的耳环、鞋子甚至其他饰物或礼服的某些部位。服装作为一种实用物品，其功能一是保护人体，二是装饰美化人体，起衬托作用只是配角，而非主角，就好像绿叶将玫瑰衬托得分外娇艳，但却不会抢了玫瑰的风采。在演艺礼服的整体搭配设计中，有时候人们会有一个错误的认识，认为要穿得很个性、穿得别出心裁，才能显示出自己的与众不同。而事实上，让人第一眼就能够在人群中看到你的穿法，往往是最糟糕的搭配。最佳的穿着搭配不但应该简单沉静，也应含蓄内敛，这才是最高超的搭配手法。

七、演艺礼服作品赏析

图5-1-15 Todd Thomas为凯蒂·佩里设计的演出服，该套演出服以紫色为底色，配以烟花的图案，正好与她的新歌《Firework》相配。

图5-1-16，该套演出服以黄色为底色，采用手绘的方式进行装饰，配合歌曲《Game On》，也契合了她俏皮的演唱风格。

图5-1-15　凯蒂·佩里演出服1

图5-1-16　凯蒂·佩里演出服2

小结

本节主要讲解了演艺礼服的设计方法、造型、装饰、面料、色彩、整体搭配、演艺节目主题形式设计等设计理论知识点，演艺礼服要符合演艺节目的内容、主题形式、场景、演员的形象气质等因素，因此需要设计的综合能力。

训练
项目

借鉴演艺礼服设计原理，为某一名民族歌手设计一系列演出服，演出场合为春节晚会、慰问演出、赈灾义演、个人演唱会，根据不同的演艺要求创作4款演出礼服。

要求：（1）风格突出，个性鲜明，符合不同的演出要求。

（2）款式创意合理，能体现穿着者的个性气质。

（3）用效果图的形式表达，并画出正背面款式图，制作样衣。

第二节 黑斜褶演艺礼服的立体裁剪

一、款式分析

款式构成：此款礼服主要采用折叠造型法完成造型设计。前片造型采用折叠造型产生丰富的斜向褶，腰部采用折叠式造型形成褶形，裙后片表面采用横向折叠产生悬垂褶进行装饰。礼服主要特点是利用线形的对比变化以及礼服前片与后片造型密集与疏松的对比变化，使礼服款式产生节奏感，如图5-2-1所示。

色彩构成：本款式采用黑色为主色调，红色为陪衬色，银色为点缀色，体现演艺礼服的靓丽、炫目特点，配饰部分采用红色点缀，使礼服色彩统一和谐。

细节构成：本款式采用斜向规律褶与自由花边装饰一体化的设计造型手法，使礼服具有细腻变化。

面料构成：本款式前片斜褶部分采用具有光泽的仿蕾丝纱类面料，前裙片采用软质、垂性好的纱质类面料或仿丝绸类面料制作，后片采用有暗褶肌理的纱质类面料，要求有光泽，质地软，垂性好。

二、立体裁剪操作分析

1. 本款式的主要知识点

（1）礼服不同褶的变化设计。

（2）各种线形的使用。

（3）礼服造型疏密节奏的综合运用。

2. 本款式的主要技能点

（1）折叠法的操作技巧。

（2）整体造型线形变化的把握与协调。

3. 礼服规格设计

部位	胸围	腰围	臀围	总裙长	斜褶部分长	后拖摆长
尺寸（单位：cm）	88	68	94	140	100	160

图5-2-1 设计效果图

三、主要操作步骤

1. 裙片的制作

第一步：取黑纱面料，长为下片裙长加3cm，宽为臀围加6cm。将取好的面料画标准线包括腰围线、臀围线、前中心线，将布片标准线对准人台标准线固定。

第二步：将布片固定后，把人台腰围处布片打剪口推平，臀围处推平自然伏贴，前片与后片相连，不留侧缝。从后腰围沿后中线向下至臀围下15cm将后中缝接合，如图5-2-2所示。

2. 制作前上片

第一步：取长150cm、宽60cm的暗花纱质面料。将面料的直布边与前中线成45°斜角固定在人台上，左端到左颈侧点，右端到右胸围线，如图5-2-3所示。

第二步：前片斜褶的制作。制作第一个斜褶：起点，从右侧直布边与侧缝线的交点向下1.5cm处；止点：左侧肩线沿公主线向下5cm处；褶量：右端4cm，左端5cm。

褶的外延线呈放射状分布。按相同的方法制作其他褶，斜褶起点间距1.5cm，止点间距3cm，如图5-2-4所示。

第三步：腰部斜褶的处理。用第二步褶的制作方法继续做斜褶，到胸部时开始将胸部的省量含在斜褶里，塑造胸部突起造型，到腰部时要将斜褶起端褶量加大，止端褶量减小，根据腰部造型塑造腰围曲线。各褶之间呈放射状扇形分布，如图5-2-5所示。

第四步：侧缝褶饰的处理。褶全部做完后，将右侧缝处多出面料沿侧缝留1cm竖向剪切至腰围，将剪切后的褶量整理折叠在腰间形成腰部褶饰，如图5-2-6所示。

图5-2-2　裙片制作　　　　图5-2-3　前上片的制作　　　　图5-2-4　斜褶制作

图5-2-5　腰部斜褶的处理

图5-2-6　腰部褶效果

3. 后上片的制作

第一步：后右上片的制作。取直纱暗褶纱质面料，将面料附在人台上，上端到颈侧点上5cm，下端到腰围线下5cm，左端到后中心线外1cm，右端到侧缝线外1cm，截取面料。在面料上画标准线，将布片标准线对准人台标准线固定，沿后中线下量15cm取一点，连接此点与颈侧点取后胸斜线，如图5-2-7所示。

第二步：后左上片的制作。取直纱暗褶纱质面料，将面料附在人台上，上端到左片的后胸斜线与后中线的交点，下端到腰围线下5cm，左端到侧缝线外1cm，并与前片相接，右端到后中心线外1cm，截取面料。在面料上画标准线，将布片标准线对准人台标准线固定，折合后中缝，确定后胸斜线，如图5-2-8所示。

第三步：做前接片。取直纱暗褶纱质面料，将面料附在人台上，上端到胸围线上12cm，下端到腰围线下5cm，左端到侧缝线外1cm，并与后片相接，右侧边缘与前片褶饰部分相接，截取面料。将面料画标准线包括胸围线、腰围线，将布片标准线对准人台标准线固定，推平人台胸围线与腰围线处布片，折合侧缝线，如图5-2-9所示。

图5-2-7　后右上片制作

图5-2-8　后左上片制作

图5-2-9　前接片

图5-2-10　后裙片的制作

图5-2-11　后片垂褶的制作

4. 后裙片的制作

第一步：取长160cm、宽150cm的45°斜纱面料，将面料的宽度边双向的三分之一处固定在人台的腰围两边侧缝处，中间部分自然下搭，如图5-2-10所示。

第二步：后片垂褶的制作。将后裙片两边的面料上提做垂褶，褶量为10cm，从第一步中的腰围线固定点向下间隔1cm依次固定，形成自然垂褶，如图5-2-11所示。

四、完成效果

本款礼服的最后完成效果如图5-2-12所示。

图5-2-12　完成效果　**1**　　　　　　　　　　　　　　　**2**

本节主要讲解礼服装饰褶与结构线结合运用，重点在于礼服装饰褶型的变化制作，难点是礼服胸部褶的造型处理。

借鉴所讲礼服的造型方法及立体裁剪制作步骤，综合运用折叠法等造型方法，自主设计一款礼服，并选用相应坯布用立体裁剪的方法制作礼服。

要求：（1）款式表达准确、完整、有创新。

（2）熟练使用立体裁剪技法。

（3）制作坯布样衣。

第三节　拼接结构造型演艺礼服

一、款式分析

款式构成：此款礼服主要采用布条拼接完成造型设计。主要造型特点是上身由长短布条拼接塑造肌理，下裙是简单的大A字裙，装饰花卉图案，形成上下疏密对比，简洁大方又不失节奏变化，如图5-3-1所示。

色彩构成：本款式采用有光泽的湖蓝色为主色调，体现礼服的优雅与内秀，配饰部分采用与服装呈对比色的浅黄色，加强礼服的绚丽效果。

细节构成：本款式采用贴花的装饰工艺及拼条的造型手法使礼服变化细腻。

面料构成：本款式主要采用带有光泽的湖蓝色仿缎类面料，局部穿插柔软纱质绣花面料进行点缀制作。面料要求有光泽，质地软硬适中，无弹性，不变形。幅宽为2.4m。

二、立体裁剪操作分析

1. 本款式的主要知识点

（1）礼服拼接造型设计。

（2）礼服面积对比设计。

（3）整体造型的协调。

2. 本款式的主要技能点

（1）拼接造型的操作技巧。

（2）装饰花形位置的把握与协调。

图5-3-1　效果图

3. 礼服规格设计

部位	胸围	腰围	臀围	裙长	腰节长
尺寸（单位：cm）	88	68	94	160	38

三、主要操作步骤

1. 前上片的制作

第一步：确定胸围拼条的起始线。从左右胸围线与公主线的交点沿公主线上量15cm取点A、B，从胸围线与前中心线的交点下量10cm取点C，连接A、C两点，B、C两点，形成两条外弧线，外弧线即是胸围拼条的起始线，如图5-3-2所示。

第二步：确定胸前装饰片。取纱质绣花面料，根据已确定好的AC、BC线的高度与形状向外预留4cm剪出装饰片外形，如图5-3-3所示。

第三步：拼接布条的制作。取长50cm、宽12cm45°正斜纱面料，将取好面料对折，将对折边用熨斗熨成弧形，用同样的方法制作其他拼接条，拼接条长度呈等差递减状，每一长度制作两条，如图5-3-4所示。

第四步：固定拼接条。在胸前装饰片的上方，沿已确定好的接片起始线固定第一片接片，将折叠部分朝上，前中心线部分交叉固定，如图5-3-5所示。

第五步：继续固定其他拼接片，接片的上方呈袖窿弧线状递减，下方呈编织状交叉固定。两边共固定6条，固定时注意随胸围造型固定，使拼接片起到塑造体形的作用，如图5-3-6所示。

第六步：制作前胸下接片。取45°斜纱面料，根据拼接条的斜度向前预留2cm，从侧缝向后预留5cm，从腰位向下预留2cm截取面料。将取好的面料固定在人台上推平固定，左右片相同，左右片下方交接处成交叠状处理，如图5-3-7所示。

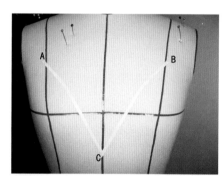

图5-3-2　确定外形

图5-3-3　固定装饰片

图5-3-4　拼接条

图5-3-5　固定拼接条

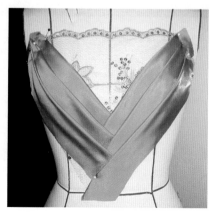

图5-3-6　拼接后造型

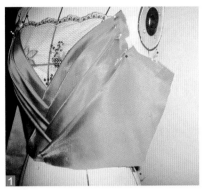
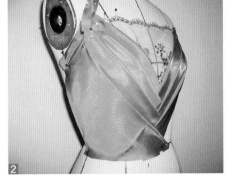
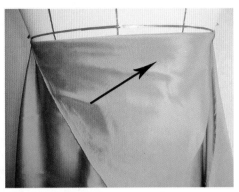

图5-3-7　制作胸接片

图5-3-8　后胸片的制作

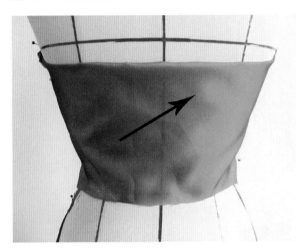

图5-3-9　后胸片的制作　　　　　　　　　　图5-3-10　合侧缝　　　　图5-3-11　固定肩带

2. 制作后胸片

第一步：取45°斜纱面料，上端在胸围下4cm，左右两侧从侧缝向前5cm，下端从腰围向下2cm截取面料，如图5-3-8所示。

第二步：将取好的面料画后中心线、腰围线，将布片对准人台标准线固定在人台上。将固定好的布片在腰围处留1cm松量左右推平，如图5-3-9所示。

3. 结合前后片制作肩带

第一步：制作肩带。取75cm长、10cm宽的45°斜纱面料，将取好面料折叠成4cm宽度的长条带，将长条带熨成弧形。

第二步：固定肩带。将做好的长带由右侧缝上端沿做好的拼片上方边缘经右前宽绕过颈后点，再由左前宽绕到左侧缝。左右布条头掩在侧缝中，合左右侧缝，如图5-3-10，图5-3-11所示。

4. 制作裙前片

第一步：取料。取45°斜纱面料，上端从腰围上2cm，左右两端从裙摆宽度预留5cm，下端为裙长向下3cm截取面料。

第二步：将面料画标准线包括前中心线、腰围线、臀围线，对准人台标准线固定面料，将人台腰围和臀围处的布片推平，臀围以下布料自然下垂，根据效果图整理前片造型，如图5-3-12所示。

5. 制作裙后片

第一步：取料。取45°斜纱面料，上端从腰围上2cm，左右两端从裙摆宽度预留5cm，下端为裙长加裙托的长度向下3cm截取面料。在布片上画标准线包括后中心线、臀围线、腰围线，如图5-3-13所示。

第二步：将布片的标准线对准人台的标准线固定。将人台腰围处布片打剪口推平，臀围处推平布片，其余布片自然下垂。整理后片外形，并将裙托部分剪成椭圆形。合左右侧缝，如图5-3-14所示。

6. 整理造型确定贴花位置

根据效果图进一步调整礼服的整体外形，并确定贴花的位置，贴花呈对角式排列，上下呼应，前后片相同，如图5-3-15所示。

四、完成效果

本款礼服的最后完成效果如图5-3-16，图5-3-17所示。

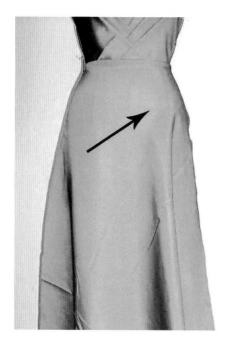

图5-3-12　整理前片造型

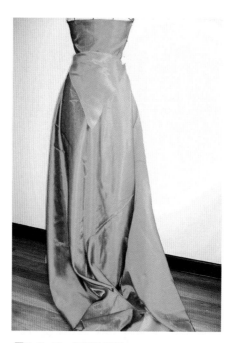

图5-3-13　取后片面料

图5-3-14　裙后片造型

5-3-15　固定装饰位置

　　本节主要讲解礼服拼片造型与装饰线结合的综合运用，重点在于礼服结构线与装饰线的结合塑造，难点是礼服胸部造型的处理。

　　借鉴所讲礼服的造型方法及立体裁剪制作步骤，运用拼接造型方法，自主设计一款礼服，并选用相应坯布用立体裁剪的方法制作礼服。
　　要求：（1）款式表达准确、完整、有创新。
　　　　　（2）熟练使用立体裁剪技法。
　　　　　（3）制作坯布样衣。

图5-3-16　正面效果

图5-3-17　背面效果

参考文献

1. 安疏敏，金庚荣．中国现代服装史．北京：中国轻工业出版社，1999.

2. 张竞琼，蔡毅．中外服装史对览．北京：中国纺织大学出版社，2000.

3. 包昌法，顾惠生．新婚礼服100例．辽宁：辽宁科学技术出版社，1988.

4. [日]文化服装学院．服装设计篇．冯旭敏、马存义编译．北京：中国轻工业出版社，2001.

5. [日]文化服装学院．服饰手工艺．郝瑞敏、范树林、冯旭敏编译．北京：中国轻工业出版社，2000.

6. [日]小池千枝．立体裁剪．白树敏、王凤岐编译．北京：中国轻工业出版社，2000.

7. 高秀明、刘晓刚．新娘婚纱．上海：上海科学技术文献出版社，2004.

8. 张文彬．服装立体裁剪．北京：中国纺织出版社，2004.

9. 刘元风．服装设计学．北京：高等教育出版社，1997.